わかる化学結合

齋藤勝裕著

培風館

本書の無断複写は，著作権法上での例外を除き，禁じられています．
本書を複写される場合は，その都度当社の許諾を得てください．

まえがき

　本書は，分子の結合状態と，その結果現れる分子構造とを目で見るように，直截簡明に解説している．分子構造をこれだけ明快に解説した書籍はかつてない．その意味で，本書は分子構造に関する書籍の決定版と自負するものである．

　化学の扱う領域は，物理化学から天然物化学まで幅広く扱う化合物も，水からDNAまで非常に広い．しかし，その体系は分子構造という狭い領域を共通の基盤として成り立っている．水，アンモニア，メタン，エチレン，アセチレン，ベンゼンなど，少なくともこれらの分子構造を理解できない方に，化学の門戸が十分に開かれているとは言い難い．化学を理解するためには分子構造の理解が必須である．

　分子構造を理解するためには，化学結合を理解しなければならない．化学結合には，イオン結合，金属結合，配位結合などがあるが，特に共有結合の理解が重要である．さらに，近年重要視されるのが分子間結合とも言うべき分子間力である．そして，これらの化学結合を理解するためには原子構造と電子配置が理解されていなければならず，さらに混成軌道の知識が不可欠である．

　本書は，このような分子構造とその理解のために必要な基礎事項をバランスよく選定し，過不足なく説明している．ここで取り扱う分子は，基本的な無機化合物から，複雑な錯体，有機金属化合物までを網羅する．解説にあたっては，やさしく，わかりやすいことを第一としているが，文章は簡潔に述べるように心掛けた．そのため，代わりとして，丁寧でわかりやすい図版を多用している．読者は豊富な図版を眺めながら，簡潔な解説を読むことによって，感覚的な意味でも理解を増すものと確信している．

　本書を利用した読者の皆さんが，化学結合と分子構造の面白さを発見

し，化学に興味をもってくださったら著者として望外の喜びである．

　最後に，本書刊行に並々ならぬ努力を払ってくださった培風館 営業部 斉藤淳氏と編集部 江連千賀子氏に感謝を申し上げる．

　　2014年4月

齋藤勝裕

目　次

1　原子構造と電子配置 ……………………………… **2**
   1.1　原 子 構 造　　2
   1.2　電 子 殻　　4
   1.3　軌 道　　6
   1.4　軌 道 の 形　　8
   1.5　電 子 配 置　　10
   1.6　電子配置の実際　　12
   1.7　電子配置の意味　　14
   1.8　イオン化と電気陰性度　　16

2　化学結合の種類 ……………………………… **18**
   2.1　原子間結合と分子間結合　　18
   2.2　イ オ ン 結 合　　20
   2.3　金 属 結 合　　22
   2.4　共 有 結 合　　24
   2.5　σ 結合と π 結合　　26
   2.6　一重結合，二重結合，三重結合　　28
   2.7　結合エネルギー　　30

3　混成軌道の結合 ……………………………… **32**
   3.1　混成軌道の考え　　32
   3.2　炭素の混成軌道　　34
   3.3　sp^3 混成軌道：メタン CH_4　　36
   3.4　一重結合の回転　　38
   3.5　sp^2 混成軌道：エチレン $H_2C=CH_2$　　40
   3.6　sp 混成軌道：アセチレン $HC\equiv CH$　　42

4 水の結合と配位結合　44

- **4.1** アンモニアの結合　44
- **4.2** 水の結合　46
- **4.3** アンモニウムイオンの結合　48
- **4.4** 配位結合　50
- **4.5** ヒドロニウムイオンの結合　52

5 結合のイオン性と分子間力　54

- **5.1** 電子雲の偏り　54
- **5.2** 水素結合　56
- **5.3** 水素結合と周期表　58
- **5.4** ファンデルワールス力　60
- **5.5** その他の分子間力　62

6 非局在二重結合　64

- **6.1** ブタジエンと非局在二重結合　64
- **6.2** 局在 π 結合と非局在 π 結合　66
- **6.3** 奇数系の非局在二重結合　68
- **6.4** 偶数系の環状非局在系　70
- **6.5** 奇数系の環状非局在系　72
- **6.6** 非局在系の性質　74
- **6.7** 非局在系の条件　76

7 置換基の結合　78

- **7.1** カルボニル基: C=O の結合　78
- **7.2** イミノ基: C=N, ニトリル基: C≡N の結合　80
- **7.3** ヒドロキシ基: OH, アミノ基: NH_2 の結合　82
- **7.4** フェノール性ヒドロキシ基の結合　84
- **7.5** カルボキシル基: COOH の結合　86
- **7.6** アミド基: $CONH_2$, ニトロ基: NO_2 の結合　88
- **7.7** 置換基効果: 誘起効果　90
- **7.8** 置換基効果: 共鳴効果　92

8 特殊な結合 — 94

- **8.1** アレンの結合　94
- **8.2** 二酸化炭素，一酸化炭素の結合　96
- **8.3** シクロプロパンの結合　98
- **8.4** シクロプロピル共役，ホモ共役の結合　100
- **8.5** ビニルアルコールの結合: 互変異性　102
- **8.6** ブルバレンの結合: 結合異性　104

9 芳香族の結合 — 106

- **9.1** 芳香族化合物　106
- **9.2** 芳香族の定義　108
- **9.3** イオン系芳香族　110
- **9.4** ヘテロ環芳香族　112
- **9.5** ピロールの構造　114
- **9.6** アゼピンの結合　116
- **9.7** 非ベンゼン系芳香族　118
- **9.8** ホモ芳香族　120

10 不安定中間体の結合 — 122

- **10.1** イオン・ラジカルの結合　122
- **10.2** イオンの結合　124
- **10.3** イオンの安定化　126
- **10.4** 特殊なイオンの結合　128
- **10.5** カルベン・ナイトレンの結合　130
- **10.6** ベンザインの結合　132

11 無機化合物の σ 結合 — 134

- **11.1** 共有結合　134
- **11.2** 分子間配位結合　136
- **11.3** 三中心結合　138
- **11.4** sp^3d 混成軌道による結合　140
- **11.5** sp^3d^2 混成軌道による結合　142

12 無機化合物の π 結合　　144

12.1 二重結合をもつ無機化合物　144
12.2 付随的な π 結合　146
12.3 三中心 π 結合　148
12.4 d 軌道の関与する π 結合と δ 結合　150
12.5 有機金属化合物の結合理論　152
12.6 遷移金属と C=C の結合　154
12.7 遷移金属と C=O の結合　156
12.8 遷移金属と N≡N の結合　158

13 錯体の結合　　160

13.1 錯体の形　160
13.2 混成軌道モデル　162
13.3 外軌道錯体と内軌道錯体　164
13.4 錯体の磁性　166
13.5 結晶場モデル　168
13.6 d 軌道のエネルギー分裂　170
13.7 錯体の電子配置と磁性　172
13.8 錯体の色彩　174
13.9 d 軌道分裂と錯体の色彩　176
13.10 分子軌道法モデル　178

14 超分子の結合　　180

14.1 二量体・多量体　180
14.2 包摂化合物　182
14.3 分子膜　184
14.4 液晶　186
14.5 基本的超分子構造体　188
14.6 分子機械　190
14.7 生体と超分子　192

索引　　194

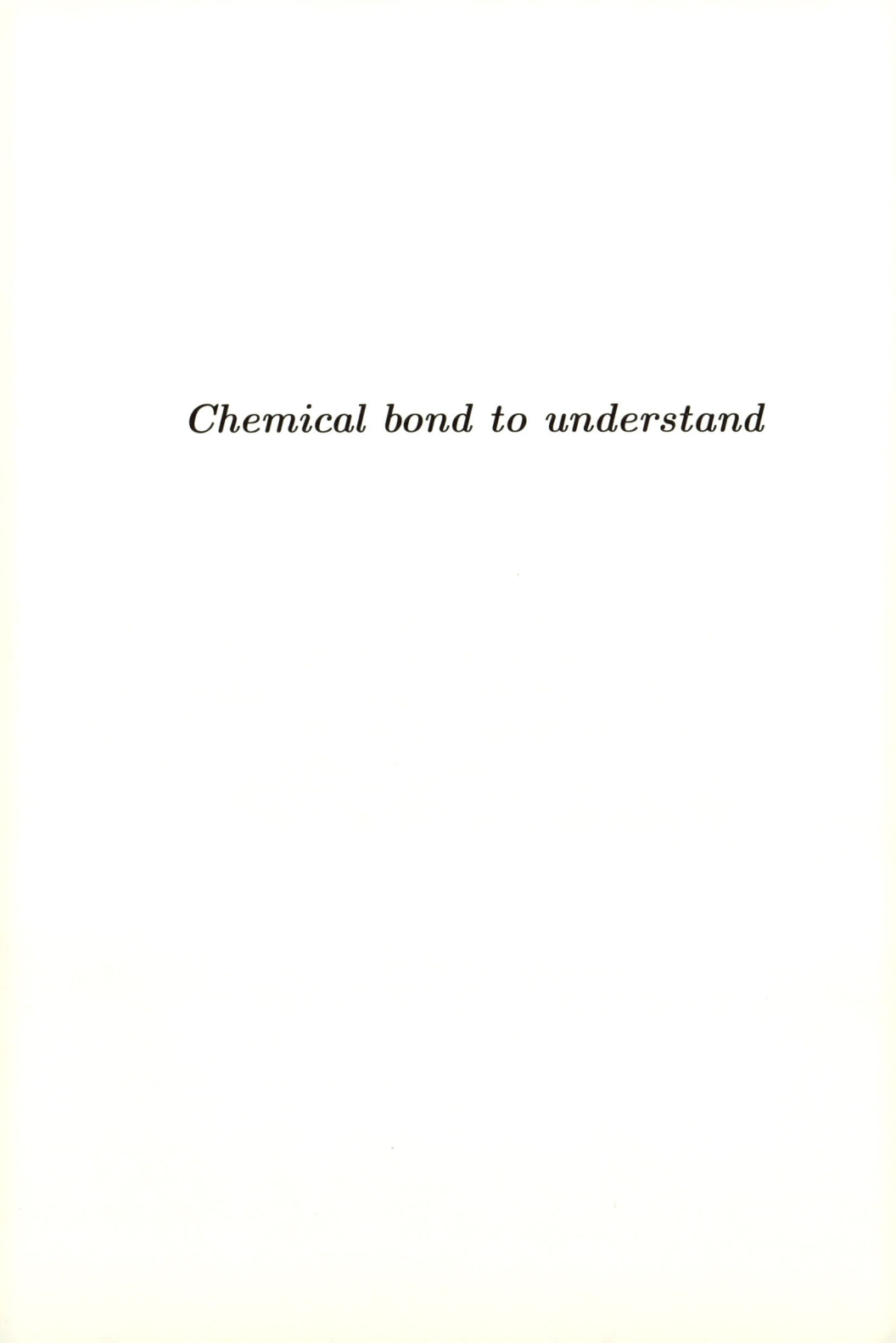

Chemical bond to understand

1. 原子構造と電子配置

すべての分子は原子が結合してできた構造体である．したがって，分子の構造を明らかにするためには結合を明らかにしなければならず，そのためには原子の構造と性質を明らかにしなければならない．

1.1 原子構造

原子は小さく重く，正に荷電した原子核と，それを取り巻く雲のようで負に荷電した電子雲からできている．

(1) 原子構造

原子は雲でできた球のようなものである．フワフワとして形状も大きさも定まらない．

雲のように見えるのは何個もの電子 e の集合体であり，電子雲とよばれる．電子は負に荷電しており，1個の電子は -1 の電荷をもっている．したがって，Z 個の電子からなる電子雲の荷電量は $-Z$ である．

電子雲の中心には小さくて比重の大きい原子核が存在する．

(2) 原子核の構造

原子核は2種類の粒子からできている．陽子 p と中性子 n である．陽子と中性子の質量はほとんど同じであるが，電荷が異なる．すなわち，陽子は $+1$ の電荷をもつが中性子は電荷をもたず，電気的に中性である．

原子核を構成する陽子の個数を原子番号 Z といい，陽子と中性子の個数の和を質量数 A という．したがって，原子核の電荷は原子番号と同じ $+Z$ となる．電気的に中性の原子は原子番号と同じ個数だけの電子をもつ．よって，原子全体の電荷は原子核と電子の間で互いに相殺されて中性となる．

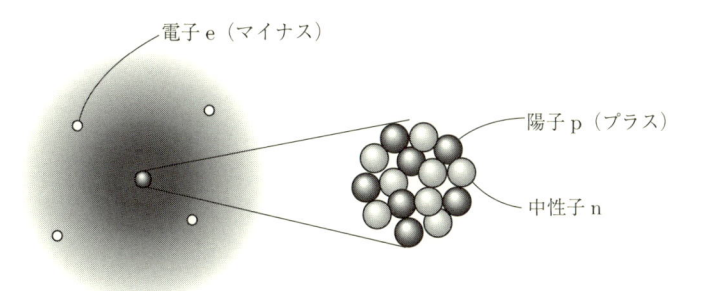

1.1 原子構造

電子 e（マイナス）

陽子 p（プラス）

中性子 n

	名称	記号	電荷	質量
原子	電子	e	$-e(-1)$	9.1091×10^{-31} kg
原子核	陽子	p	$+e(+1)$	1.6726×10^{-27} kg
	中性子	n	0	1.6749×10^{-27} kg

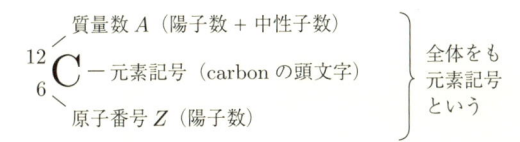

質量数 A（陽子数 + 中性子数）

$^{12}_{6}$C — 元素記号（carbon の頭文字）

原子番号 Z（陽子数）

全体をも元素記号という

1.2 電子殻

原子番号 Z の原子には Z 個の電子が存在するが，その電子は原子核のまわりに適当に集合しているわけではない．各電子には，それぞれ所定の居場所が決まっている．その場所を電子殻，あるいは軌道という．

（1） 電子殻

原子に属する電子は電子殻に入る．電子殻は原子核を取り囲む球殻状のものであり，原子核の近くのものから順に K 殻，L 殻，M 殻などとアルファベットの K から始まる名前がついている．

◆ 電子殻の定員

電子は好きな電子殻に勝手に入れるわけではない．各電子殻には定員がある．その定員は K 殻は 2 個，L 殻は 8 個，M 殻は 18 個などであり，核電子殻に固有である．しかし，定員には規則性があり，それは整数 n を用いると $2n^2$ 個になっている．n は量子数とよばれる正の整数であり，K 殻 ($n=1$)，L 殻 ($n=2$)，M 殻 ($n=3$)，…などの電子殻に固有である．

電子殻は量子数によって支配されており，その直径は n^2 に比例し，エネルギーの絶対値は n^2 に反比例する．

◆ エネルギー準位

エネルギーの大小関係をエネルギー準位といい，それを図式化したものをエネルギー準位図という．

電子殻のエネルギー準位は図の通りである．原子や分子のエネルギーを扱うときには約束がある．それは，原子に属さない電子である自由電子の位置エネルギーを 0 としてマイナスに測るということである．このように約束すると，電子のエネルギーは位置エネルギーと同じに考えてよいことになる．

したがって，一般に，エネルギー準位図で上方を高エネルギー，下方を低エネルギーとよぶ．化学では，高エネルギー状態を不安定状態，低エネルギー状態を安定状態と考える．

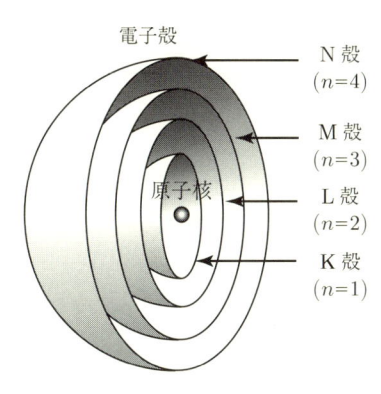

1.2 電子殻

電子殻

N 殻 ($n=4$)
M 殻 ($n=3$)
原子核
L 殻 ($n=2$)
K 殻 ($n=1$)

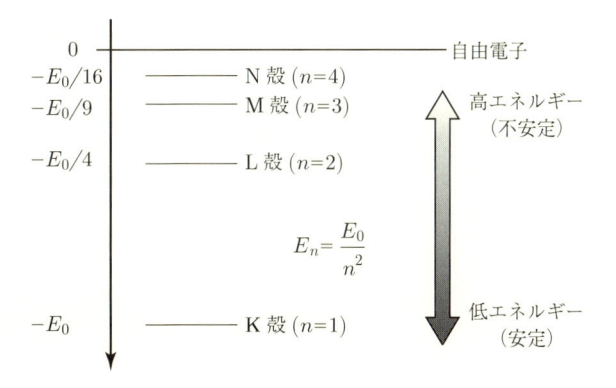

0 ── 自由電子
$-E_0/16$ ── N 殻 ($n=4$)
$-E_0/9$ ── M 殻 ($n=3$)
$-E_0/4$ ── L 殻 ($n=2$)

$$E_n = \frac{E_0}{n^2}$$

$-E_0$ ── K 殻 ($n=1$)

高エネルギー（不安定）

低エネルギー（安定）

1.3 軌　道

電子殻をさらに詳しく検討すると，軌道に分かれていることがわかった．電子殻がどのような軌道からできているかは電子殻によって異なる．

（1） 軌道の種類

軌道はs軌道，p軌道，d軌道などと何種類もある．原子核に近くて小さいK殻はs軌道だけからできているが，大きなL殻は1個のs軌道と3個のp軌道からできている．さらに大きなM殻は1個のs軌道，3個のp軌道，5個のd軌道からできている．

（2） 電子殻と軌道のエネルギー

電子殻と軌道のエネルギー関係を図に示す．K殻には1個のs軌道しかないが，L殻には1個のs軌道のほか，3個のp軌道が存在する．

◆ 縮　重

図から，3個のp軌道は互いに異なる軌道であるが，エネルギーは完全に等しいことがわかる．このように，異なる軌道であるが，エネルギーの等しい軌道を縮重軌道という．p軌道は3個の軌道が縮重しているので三重縮重という．d軌道は5個が縮重しているので五重縮重である．

◆ 定　員

電子殻と同様に軌道にも定員がある．しかし，それはすべての軌道で等しく，軌道1個あたり電子2個である．各電子殻を構成する軌道の定員を足すと，K殻は2個，L殻は8個，M殻は18個となり，前にみた電子殻の定員と一致する．

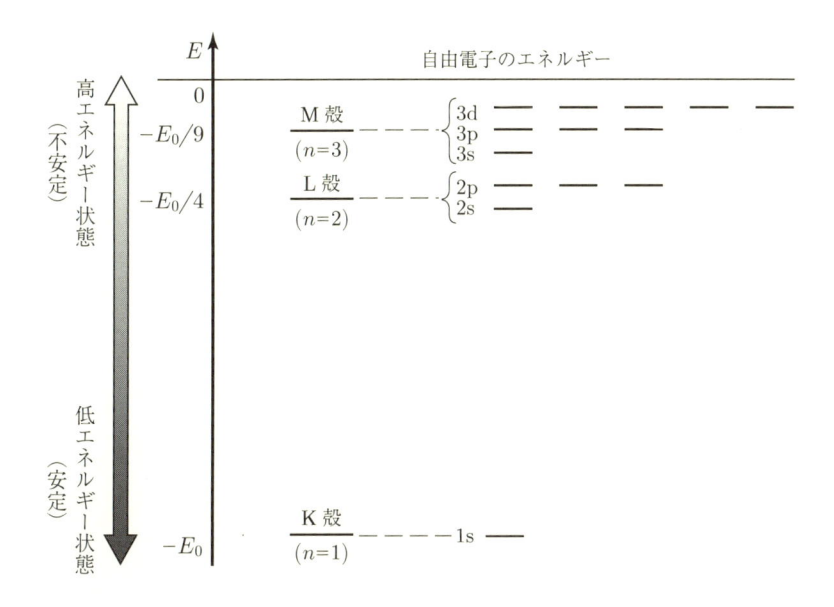

1.3 軌道

E ↑

高エネルギー状態（不安定） ↑
低エネルギー状態（安定） ↓

自由電子のエネルギー ― 0

$-E_0/9$ ― M殻 $(n=3)$ $\begin{cases} 3\text{d} \\ 3\text{p} \\ 3\text{s} \end{cases}$

$-E_0/4$ ― L殻 $(n=2)$ $\begin{cases} 2\text{p} \\ 2\text{s} \end{cases}$

$-E_0$ ― K殻 $(n=1)$ ----- 1s

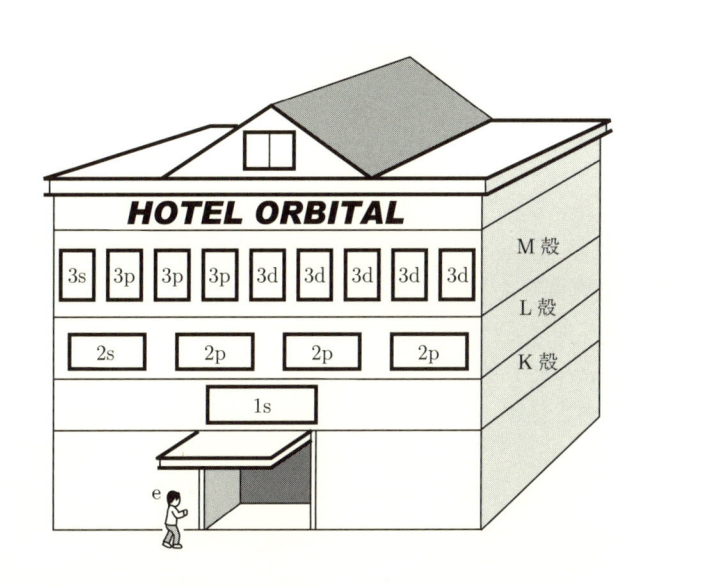

HOTEL ORBITAL

| 3s | 3p | 3p | 3p | 3d | 3d | 3d | 3d | 3d | M殻
| 2s | 2p | 2p | 2p | L殻
| 1s | K殻

e

1.4 軌道の形

各軌道は図に示すように固有の形をしている.

(1) s 軌道

前節の図のように, s 軌道には K 殻に属するもの, L 殻に属するものなど, いろいろある. そこで, これらを区別するために 1s 軌道, 2s 軌道などと, それが属する電子殻の量子数をつけて表す. これは p 軌道, d 軌道などに対しても同様である.

いずれにしても, s 軌道の基本的な形は球状の軌道であり, お団子に例えると後の結合を考える場合に都合がよい.

(2) p 軌道

p 軌道は 3 個セットであるが, その形はすべて等しい. 後にみる結合と関連づけるために, p 軌道の形を 2 個のお団子を串に刺した "みたらし形" と考えておこう.

このように考えると, 3 個の p 軌道, p_x, p_y, p_z の違いはその方向の違いということになる. すなわち, 2 個のお団子を刺す串の方向が直交座標の 3 軸方向, x, y, z それぞれの方向を向くのである.

(3) d 軌道

d 軌道は四つ葉のクローバーのような形と見ることができる. d 軌道は 5 個セットとなっているが, 2 種類に分けて考えることができる. すなわち, 下付きに 2 乗が入った $d_{x^2-y^2}$, d_{z^2} 軌道と, 2 乗が入らない d_{xy}, d_{yz}, d_{zx} 軌道である. 前者 2 軌道を e_g 軌道, 後者 3 軌道を t_{2g} 軌道という.

e_g 軌道では, p 軌道と同様に, 各軌道は x, y, z の直交座標の座標軸方向に伸びている. それに対して, t_{2g} 軌道では, それぞれ軸を避けて, xy, yz, zx 平面上に伸びている.

このことは, 13 章「錯体の結合」において非常に重要なこととして再現する.

1.4 軌道の形

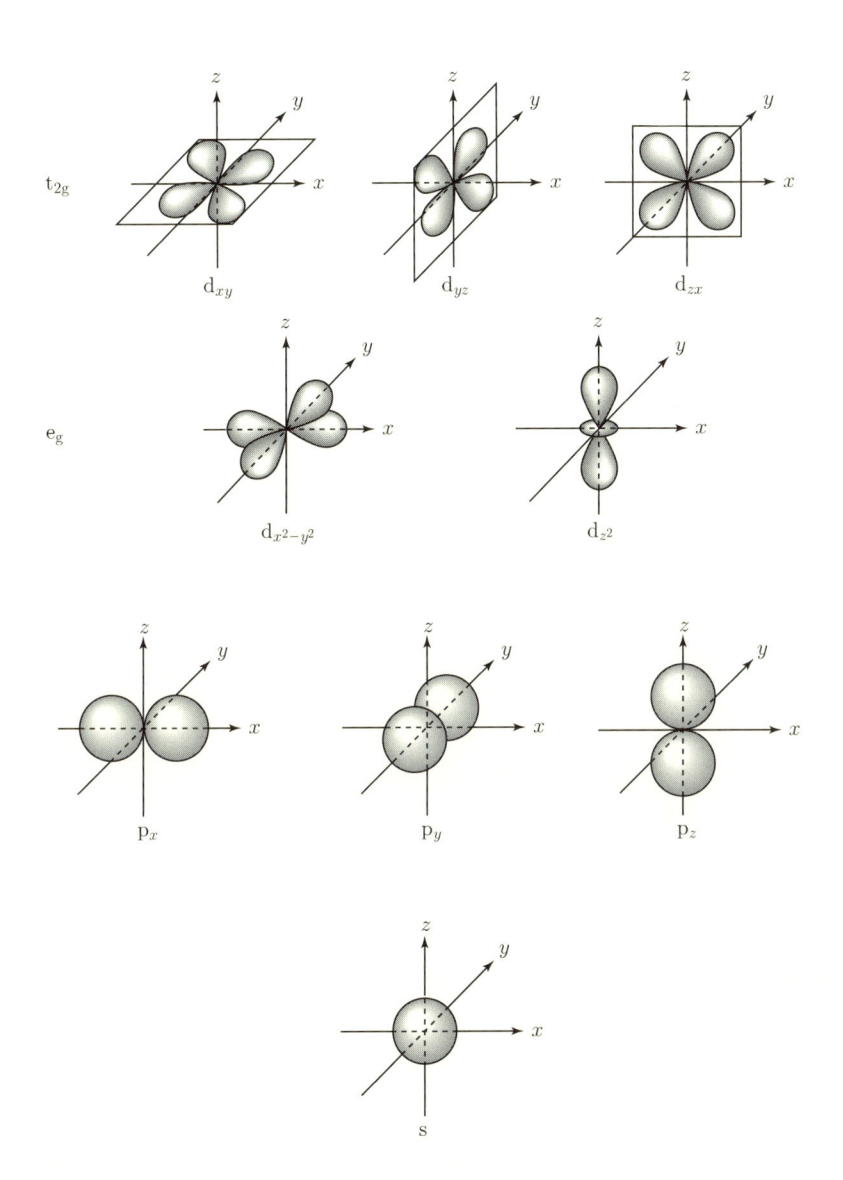

t_{2g}

d_{xy} d_{yz} d_{zx}

e_g

$d_{x^2-y^2}$ d_{z^2}

p_x p_y p_z

s

1.5 電子配置

電子がどの軌道に，どのように入っているかを表したものを電子配置という．電子は好きな軌道に勝手に入れるわけではない．軌道に入るためにはそれなりの約束がある．マンションの入室規則のようなものである．

(1) 電子配置の規則

電子がどの軌道にどのように入るかは，"パウリの排他原理"と"フントの築き上げの原理"という2つの規則によって厳密に規制されている．しかし，ここではそれらをまとめて「マンションの入室規則」として簡単な形で紹介しよう．

(2) 電子スピン

電子配置を考える場合に重要になるのが電子スピンである．電子はスピン(自転)しており，スピン方向には右回転と左回転の2種類がある．化学では一般に，このスピン方向を，上下方向の矢印で区別する．

(3) 入室規則

さて，軌道への入室の規則は以下のようなものである．

① エネルギーの低い軌道から順に入る．
② 1個の軌道には2個以上の電子が入ることはできない．
③ 1個の軌道に2個の電子が入るときには，互いにスピン方向を反対にしなければならない．
④ 軌道エネルギーが同じならば，スピン方向を同じにした方が安定である．

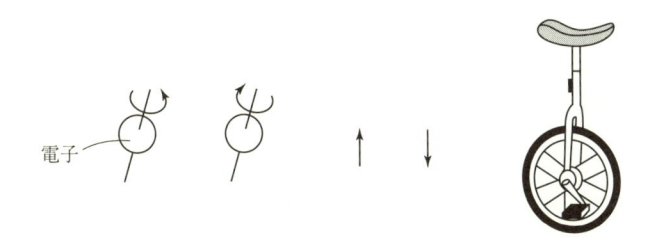

1.5 電子配置

電子

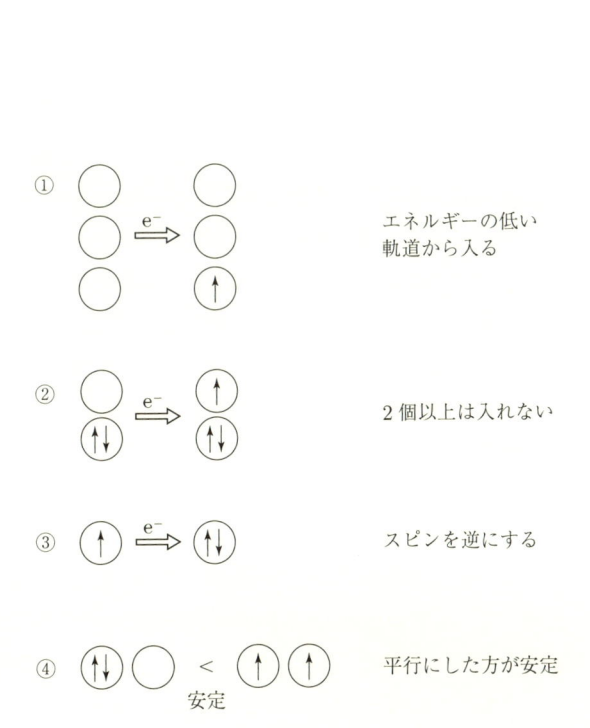

① ⇒(e⁻) エネルギーの低い軌道から入る

② ⇒(e⁻) 2個以上は入れない

③ ↑ ⇒(e⁻) ↑↓ スピンを逆にする

④ ↑↓ ○ < ↑ ↑ 平行にした方が安定
   安定

1.6 電子配置の実際

周期表に従って実際の原子に電子を入れてみる．

H： 原子番号1のHの電子は1個である．よって，規則①に従って最低エネルギー軌道の1s軌道に入る．

He： 原子番号2のHeには2個の電子がある．2番目の電子は規則①，③に従って1s軌道にスピンを逆方向にして入る．

Li： 3番目の電子は規則②に従って1s軌道に入ることはできないので，規則①に従って2s軌道に入る．

Be： 4番目の電子は規則①〜③に従って2s軌道にスピン方向を逆にして入る．

B： 5番目の電子は2p軌道に入る．2p軌道は3個あるが，電子がどの軌道に入るかは自由である．

C： 6番目の電子の入り方には図のC-1〜C-3の3通りが可能であり，どの入り方をしても軌道エネルギーはすべて等しい．このような場合に大きな意味をもつのが規則④である．すなわち，電子のスピン方向が同じものが安定になる．したがって，2個の電子が同じ方向を向いたC-3が安定である．

C-3のように安定なものを基底状態，それに対して，C-1，C-2のように不安定なものを励起状態という．

N： 7番目の電子はCの場合と同様に，規則④に従って空いているp軌道に入り，スピン方向を他の2つの電子と同じにする．つまり，3個の電子がスピン方向を同じにする．

O： 8番目の電子は規則①に従って低エネルギーの2p軌道に入る．したがって，1個のp軌道には2個の電子が入ることになる．

F： 9番目の電子は空いているp軌道に入る．したがって，2個のp軌道に2個ずつの電子が入ることになる．

Ne： 10番目の電子が，ただ1つ空いているp軌道に入った結果，L殻が定員一杯の状態になる．

第3周期の原子も基本的にLi〜Neの例のように電子が入る．

1.6 電子配置の実際

		H							He
K	1s	↑							↑↓

		Li	Be	B	C	N	O	F	Ne
L	2p	○○○	○○○	↑○○	↑↑○	↑↑↑	↑↓↑↑	↑↓↑↓↑	↑↓↑↓↑↓
	2s	↑	↑↓	↑↓	↑↓	↑↓	↑↓	↑↓	↑↓
K	1s	↑↓	↑↓	↑↓	↑↓	↑↓	↑↓	↑↓	↑↓

	C-1	C-2	C-3
2p	↑↓○○	↑↓○	↑↑○
2s	↑↓	↑↓	↑↓
1s	↑↓	↑↓	↑↓

		Na	Mg	Al	Si	P	S	Cl	Ar
M	3p	○○○	○○○	↑○○	↑↑○	↑↑↑	↑↓↑↑	↑↓↑↓↑	↑↓↑↓↑↓
	3s	↑	↑↓	↑↓	↑↓	↑↓	↑↓	↑↓	↑↓
L	2p	↑↓↑↓↑↓	↑↓↑↓↑↓	↑↓↑↓↑↓	↑↓↑↓↑↓	↑↓↑↓↑↓	↑↓↑↓↑↓	↑↓↑↓↑↓	↑↓↑↓↑↓
	2s	↑↓	↑↓	↑↓	↑↓	↑↓	↑↓	↑↓	↑↓
K	1s	↑↓	↑↓	↑↓	↑↓	↑↓	↑↓	↑↓	↑↓

1.7 電子配置の意味

（1）不対電子と電子対

　ヘリウム He の 2 個の電子のように，1 個の軌道に入った 2 個の電子を電子対とよぶ．一方，水素 H のように 1 個の軌道に 1 個だけ入った電子を不対電子とよぶ．不対電子は共有結合を形成する電子であり，原子が不対電子を何個もつかは，何本の共有結合をつくることができるかを意味するものである．

（2）閉殻構造と開殻構造

　ヘリウム He の電子配置のように電子殻が電子で一杯になった状態を閉殻構造といい，特別の安定性をもつ．それに対して，水素 H のように，満杯でない状態を開殻構造という．

（3）最外殻と内殻

　電子が入っている電子殻のうち最も外側(最高エネルギー)の電子殻を最外殻という．前節の例より，リチウム Li からネオン Ne の最外殻は L 殻である．最外殻の内側(低エネルギー)の電子殻を内殻という．

（4）最外殻電子と価電子

　最外殻に入っている電子を最外殻電子，あるいは価電子という．価電子は原子の反応性を支配し，イオンの価数，共有結合の本数などに大きな影響を及ぼす．

（5）非共有電子対

　最外殻に入っている電子対を特に非共有電子対(孤立電子対)とよぶ．非共有電子対は，酸・塩基，あるいは配位結合において重要な役割を果たすものである．

1.7 電子配置の意味

不対電子　　電子対

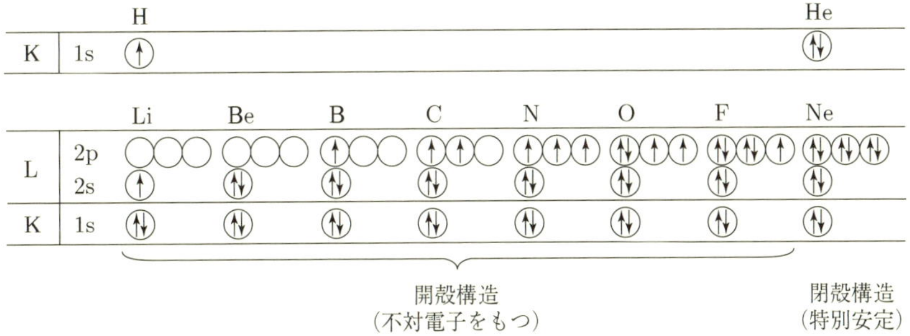

		H							He
K	1s	↑							↑↓

		Li	Be	B	C	N	O	F	Ne
L	2p	○○○	○○○	↑○○	↑↑○	↑↑↑	↑↓ ↑ ↑	↑↓ ↑↓ ↑	↑↓ ↑↓ ↑↓
L	2s	↑	↑↓	↑↓	↑↓	↑↓	↑↓	↑↓	↑↓
K	1s	↑↓	↑↓	↑↓	↑↓	↑↓	↑↓	↑↓	↑↓

開殻構造 (不対電子をもつ)　　閉殻構造 (特別安定)

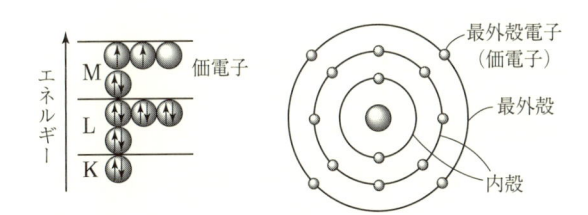

価電子　　最外殻電子 (価電子)　　最外殻　　内殻

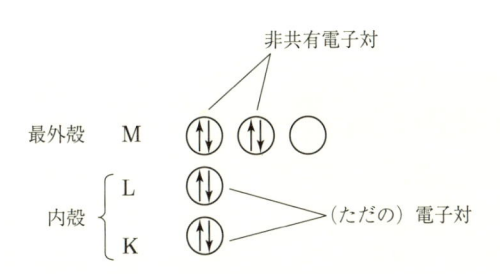

非共有電子対

最外殻　M　↑↓　↑↓　○

内殻 { L　↑↓
       K　↑↓ }　（ただの）電子対

1.8 イオン化と電気陰性度

　原子の電子は活動的である．原子から飛び出したり，あるいは他の軌道に移ったりする．電子が移動することを遷移という．

(1) イオン化

　原子から電子が脱出すると，原子は電子のもつ負の電荷が足りなくなり，正に荷電する．これを陽イオンという．反対に，原子に電子が加わると負に荷電した陰イオンとなる．

◆ **イオン化エネルギー**

　軌道に入っている電子を原子から脱出させる，すなわち自由電子にするためには，電子に軌道のエネルギー ΔE_I に相当するエネルギーを与える必要がある．このエネルギーをイオン化エネルギーという．

◆ **電子親和力**

　原子に電子を加えるということは，自由電子を軌道に落すことである．この時，電子は余分なエネルギー A を放出する．このエネルギーを電子親和力といい，軌道エネルギー ΔE_A に相当する．

(2) 電気陰性度

　「イオン化エネルギーの大きい原子は陽イオンになりにくい」ということは，マイナスになる傾向が強いと考えることができる．一方，電子親和力が大きい原子はマイナスになる傾向が強いと考えられる．したがって，イオン化エネルギーと電子親和力の絶対値の平均をとれば，原子がマイナスになりやすさを反映することになる．

　このような考えに立って，人為的に決めたものが電気陰性度である．電気陰性度は原子が電子を引き付ける程度の大小を表す指数である．電気陰性度の大きい原子ほど電子を引き付けて，自身が負に荷電する傾向が強い．

　電気陰性度を周期表に倣って示す．周期表の右上の原子ほどマイナスになりやすいことがわかる．

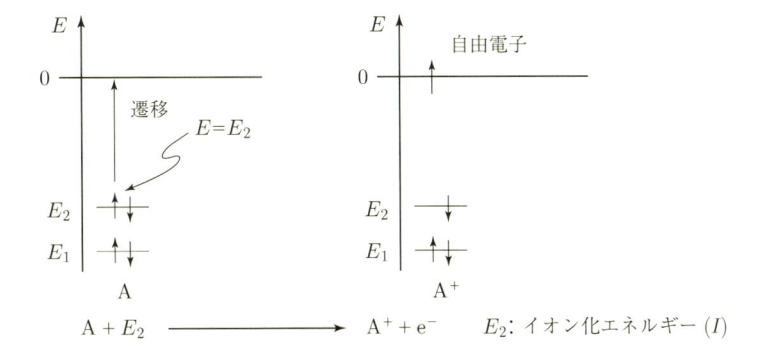

1.8 イオン化と電気陰性度

A + E_2 ⟶ A^+ + e^- E_2: イオン化エネルギー (I)

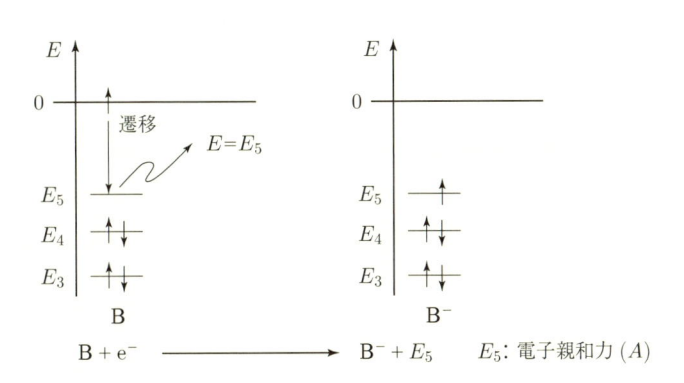

B + e^- ⟶ B^- + E_5 E_5: 電子親和力 (A)

H							He
2.1							
Li	Be	B	C	N	O	F	Ne
1.0	1.5	2.0	2.5	3.0	3.5	4.0	
Na	Mg	Al	Si	P	S	Cl	Ar
0.9	1.2	1.5	1.8	2.1	2.5	3.0	
K	Ca	Ga	Ge	As	Se	Br	Xe
0.8	1.0	1.3	1.8	2.0	2.4	2.8	

2. 化学結合の種類

　原子を結び付ける結合にはイオン結合，金属結合，共有結合など多くの種類がある．しかし，結合には分子を結合させるものもある．このような結合は原子間の結合に比べて弱いので，特に分子間力とよばれることがある．

2.1 原子間結合と分子間結合

　結合には多くの種類がある．おもな結合と，それらの関係を表にまとめる．結合を大きく分けると，原子間に働いて原子同士を結合させて分子をつくるものと，分子間に働いて分子を結合し，さらに高次の構造体である超分子をつくるものに分けることができる．

(1)　原子間に働く結合

　一般に，結合と言われるものはこの分類に入る．イオンを結合するイオン結合，金属を結合する金属結合，有機化合物をつくる共有結合などがおもなものである．

　共有結合は複雑であり，さらにσ(シグマ)結合とπ(パイ)結合に分けることができる．そして，この2種類の結合は組み合わさって一重結合(単結合)，二重結合，三重結合，共役二重結合などを構成する．

(2)　分子間に働く結合(引力)

　水やベンゼンなどのような分子の間にも引力が働く．ただし，この引力は原子間に働く引力(結合)に比べると弱いので，結合とはいわず，分子間力という．

　分子間力には，水素結合，ファンデルワールス力など各種のものがある．分子間力によって引き合って集合し，その結果，高次の構造体となったものを特に超分子という．2個のDNA分子が絡み合ってつくった二重らせん構造は超分子の典型である．

　配位結合は分子間だけでなく，分子と原子，分子とイオンの間にも働く結合である．

2.1 原子間結合と分子間結合

	結合名			例
原子間結合	イオン結合			NaCl, MgCl$_2$
	金属結合			鉄, 金, 銀
	共有結合	σ結合	一重結合	水素, メタン (CH$_4$)
		π結合	二重結合	酸素, エチレン (H$_2$C=CH$_2$)
			三重結合	窒素, アセチレン (HC≡CH)
—	配位結合			アンモニウムイオン
分子間結合	水素結合			水, 安息香酸
	ファンデルワールス力			ヘリウム, ベンゼン
	ππスタッキング			シクロファン
	電荷移動相互作用			電荷移動錯体
	疎水性相互作用			界面活性剤

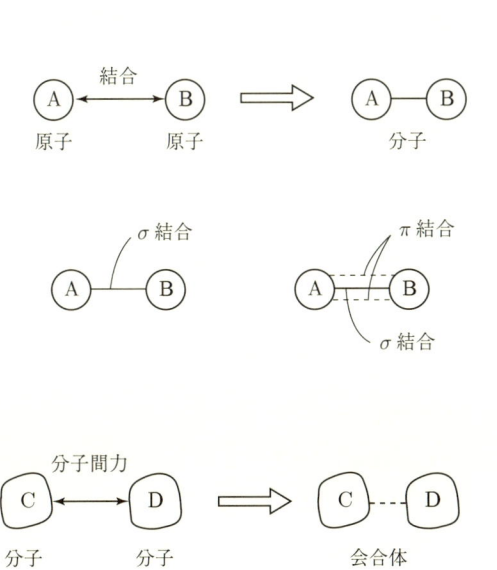

2.2 イオン結合

塩化ナトリウム (食塩) NaCl のように，陰イオンと陽イオンの間に働く静電引力をイオン結合という．

(1) イオンの生成

閉殻構造の原子は特別の安定性をもつ．そのため，閉殻構造でない原子は電子を出し入れして閉殻構造になろうとする．例えば，ナトリウム Na は最外殻にある価電子の 3s 電子を放出すると，ネオン Ne と同じ閉殻構造となって安定化することができる．そのため，電子 1 個を放出して 1 価の陽イオン Na^+ になろうとする．

反対に，塩素 Cl は 3p 軌道に 1 個の電子を入れると M 殻が満杯になってアルゴン Ar と同じ閉殻構造になる．そのため，1 価の陰イオンである塩化物イオン Cl^- になろうとする．

したがって，中性原子である Na と Cl が出会うと両者の間で電子の移動が起き，Na^+ と Cl^- という一対のイオンが生成することになる．

(2) イオン結合

この陰陽両イオンの間に働く静電引力がイオン結合である．イオン結合はイオン間の静電引力であるから，方向に関係しない．両イオン間の距離が同じなら，すべて同じ大きさで働く．これを無方向性という．

また，陰イオンのまわりに何個の陽イオンがあろうと，距離が同じなら同じ大きさで働く．これを不飽和性という．方向性がないことと，飽和性がないことは，共有結合に比べて，イオン結合の大きな特色である．

(3) イオン結合の分子

図は NaCl の結晶構造である．ここに，Na-Cl という 2 個の原子 (イオン) からできた単位構造を見いだすことができるだろうか．結晶を構成するイオンの個数の比は，Na：Cl = 1：1 であり，その意味で分子式は NaCl であるが，NaCl という単位分子の粒子を見いだすことはできない．このように，イオン結合では単結晶 1 個が 1 個の巨大分子ということができる．

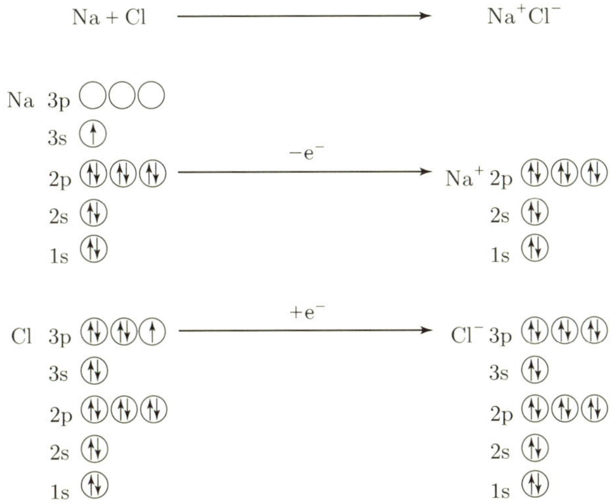

2.2 イオン結合

Na + Cl ⟶ Na⁺Cl⁻

Na 3p ○○○
   3s (↑)
   2p (↑↓)(↑↓)(↑↓)   —e⁻ ⟶   Na⁺ 2p (↑↓)(↑↓)(↑↓)
   2s (↑↓)   2s (↑↓)
   1s (↑↓)   1s (↑↓)

Cl 3p (↑↓)(↑↓)(↑)   +e⁻ ⟶   Cl⁻ 3p (↑↓)(↑↓)(↑↓)
   3s (↑↓)   3s (↑↓)
   2p (↑↓)(↑↓)(↑↓)   2p (↑↓)(↑↓)(↑↓)
   2s (↑↓)   2s (↑↓)
   1s (↑↓)   1s (↑↓)

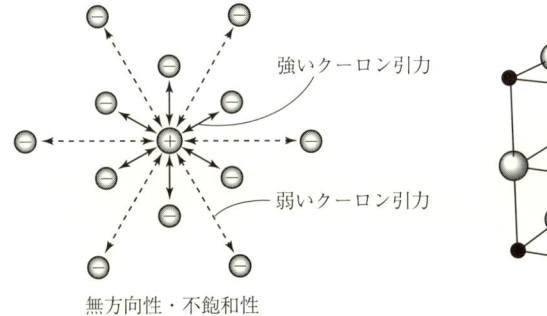

強いクーロン引力

弱いクーロン引力

無方向性・不飽和性

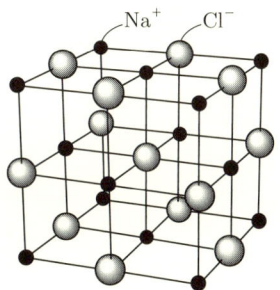

Na⁺ Cl⁻

2.3 金属結合

金属原子を結合して，金属を作り上げる力を金属結合という．

(1) 自由電子と金属結合

金属結合をつくる金属原子 M は n 個の価電子すべてを放出して n 価の金属イオン M^{n+} となる．この金属イオンは3次元にわたって整然と積み上げられて金属結晶をつくっている．放出された価電子は金属イオンのまわりに漂い，特にどの金属イオンに属するということのない状態になっている．その意味でこの電子を自由電子という．

これは水槽に木製のボールを積み上げ，木工ボンドを流し入れた状態に似ている．ボールが金属イオンであり，木工ボンドが自由電子である．

(2) 金属の伝導度

電流は電子の移動である．金属の伝導性は自由電子の移動に基づく．自由電子の動きがスムースならば伝導性は高く，動きが不自由ならば伝導性は低くなる．

◆ 伝導度の温度依存性

金属の自由電子は金属原子(イオン)の間を移動する．金属原子が静止していればスムースに通れるが，激しく動いていれば通りにくい．このような原子の運動は温度上昇とともに激しくなる．したがって，温度が高くなると金属の伝導度は小さくなる．

◆ 超伝導状態

金属の伝導性は温度低下とともに上昇する．そして，ある種の金属では一定温度，臨界温度 T_c 以下になると突然，電導度が無限大になり，電気抵抗が0になる．この状態を超伝導状態という．

超電導状態では，電気抵抗が0なので，コイルに大電流を流しても発熱しない．この特性を利用したのが強力な磁石である超伝導磁石である．超伝導磁石は，脳の断層写真を撮るMRIやJRのリニア新幹線の車体浮上のための磁石など，現代科学に欠かせない技術である．

2.3 金属結合

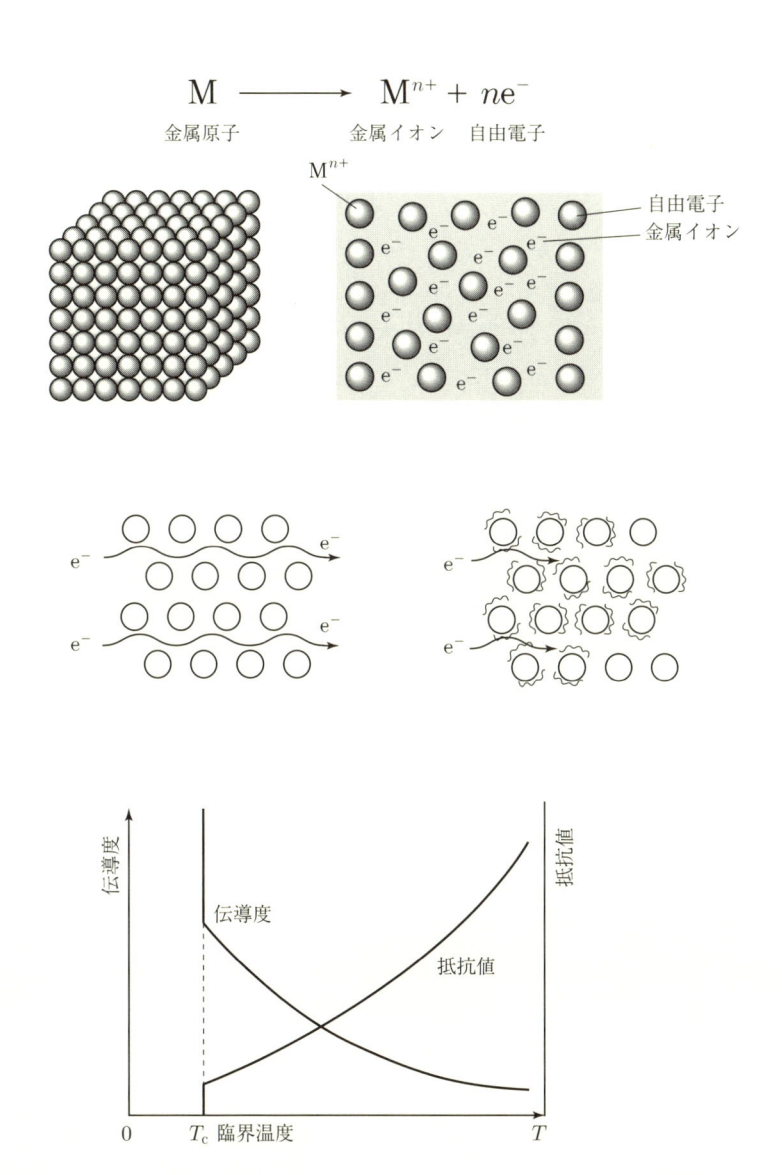

$$M \longrightarrow M^{n+} + ne^-$$

金属原子　　金属イオン　自由電子

2.4 共有結合

共有結合は，結合する 2 個の原子が互いに不対電子を 1 個ずつ出し合い，その電子を共有することによって生成するものである．

(1) 水素分子の結合

共有結合で結合した分子の典型的な例は水素分子である．水素分子がどのようにして成立するのか，その生成過程を追ってみよう．

2 個の水素原子が近づくと，まず互いの 1s 軌道が重なる．さらに近づくと，1s 軌道が消滅して，代わりに 2 個の水素原子核を取り巻く新しい軌道ができる．この軌道は，(水素) 分子に属する軌道なので分子軌道 (Molecular Orbital, MO) といわれる．それに対して，もとの 1s 軌道は，(水素) 原子に属する軌道なので原子軌道 (Atomic Orbital, AO) といわれる．

(2) 結合電子雲

分子軌道に入った 2 個の電子は結合電子とよばれる．電子がどこにどの程度存在するかを電子分布という．図は水素分子の電子雲分布である．結合電子雲は両原子核の間に多く存在することがわかる．原子核は正に荷電し，電子は負に荷電していることを考えると，この状態は原子核が結合電子雲をのりとして接着 (結合) していると考えることができる．

(3) 不対電子と価標

共有結合は，結合する 2 個の原子が 1 個ずつの電子 (不対電子) を出し合って結合電子とし，それを改めて持ち合う (共有) することによって成り立つ結合である．

これは，共有結合する原子には不対電子が必要なことを意味する．不対電子をもっていない原子は共有結合をつくることができない．一方，2 個，3 個の不対電子をもつ原子は 2 本，3 本の共有結合をつくることができる．

原子が共有結合形成のために使うことのできる不対電子を価標，あるいは結合手という．おもな原子の不対電子数と価標数を表にまとめる．なお，ベリリウム Be，ホウ素 B，炭素 C などは電子をエネルギーの高い軌道に移動 (遷移) させて不対電子の個数を増やすことができる．

2.4 共有結合

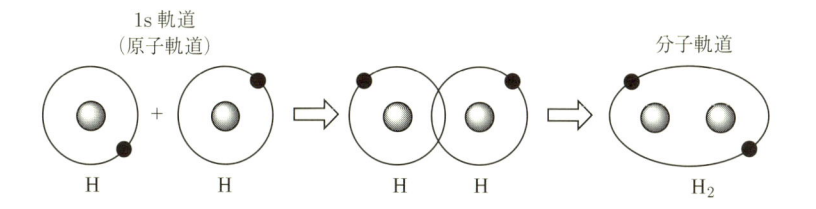

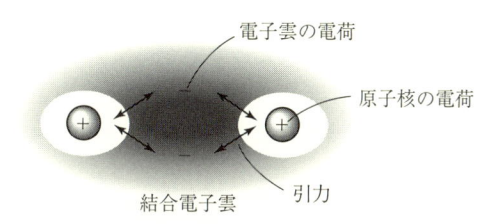

名称	Li	Be	B	C	N	O	F	Ne
電子配置 2p 2s 1s	○○○ (↑↓) (↑↓)	○○○ (↑↓) (↑↓)	(↑)○○ (↑↓) (↑↓)	(↑)(↑)○ (↑↓) (↑↓)	(↑)(↑)(↑) (↑↓) (↑↓)	(↑↓)(↑)(↑) (↑↓) (↑↓)	(↑↓)(↑↓)(↑) (↑↓) (↑↓)	(↑↓)(↑↓)(↑↓) (↑↓) (↑↓)
不対電子数	1	0	1	2	3	2	1	0
価標数	1	2*	3*	4*	3	2	1	0

*2s 軌道の電子 1 個を 2p 軌道に移動して不対電子を増やす

2.5 σ結合とπ結合

共有結合の基本は$\overset{シグマ}{σ}$結合と$\overset{パイ}{π}$結合である．

(1) σ結合

σ結合は強い結合であり，分子の骨格をつくる結合である．

◆ s軌道のつくるσ結合

水素分子では結合電子雲が結合軸に沿って紡錘形に存在する．そのため，片方の原子を固定して，もう片方の原子を回転しても(ねじっても)結合に影響はない．したがって，σ結合は結合回転が可能である．

◆ p軌道のσ結合

2個のp_x軌道がx軸上で近づくと，2本のみたらしが互いに串で刺し合うようになる．最終的に2個のお団子は衝突してつぶれ，大きなお団子になって結合電子雲を形成する．

この結合電子雲は水素分子の場合と同様に，結合軸に沿って紡錘形になるので，結合回転ができる．この結合もσ結合である．

(2) π結合

π結合はσ結合より弱い結合であるが，分子の性質に大きく影響する．

◆ 結合電子雲

2個のp_z軌道がx軸上で近づくと，まるでお皿に載せた2本のみたらしが互いに転がって横腹を接着するように接合する．このようにしてできた結合をπ結合という．π結合では軌道の重なりは2か所で起こる．そのため結合電子雲も2か所，すなわち結合軸の上下に分かれて生成する．

◆ 結合回転

π結合において，片方の分子を固定してもう片方を回転したら，お団子の接着面は離れる．したがって，π結合は切断されてしまう．そのため，π結合は回転できない．これはσ結合に比べて大きな違いである．

2.5 σ結合とπ結合

----H ●●● H---- 結合軸

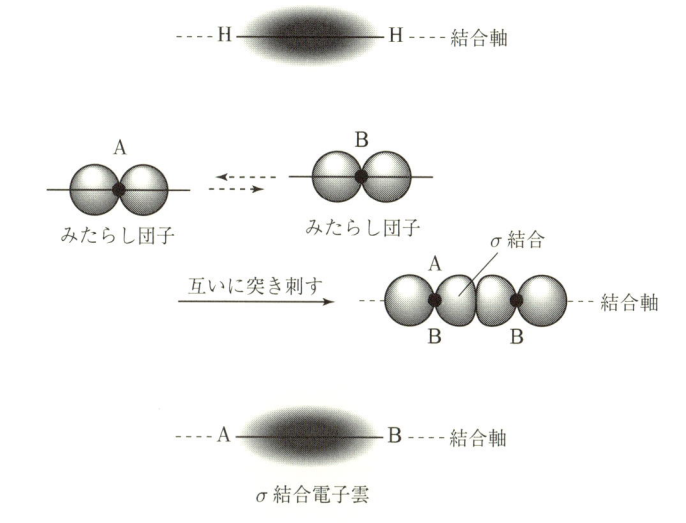

A みたらし団子 B みたらし団子

互いに突き刺す →

σ結合
A ●●●● B ---- 結合軸
B   B

----A ●●● B---- 結合軸

σ結合電子雲

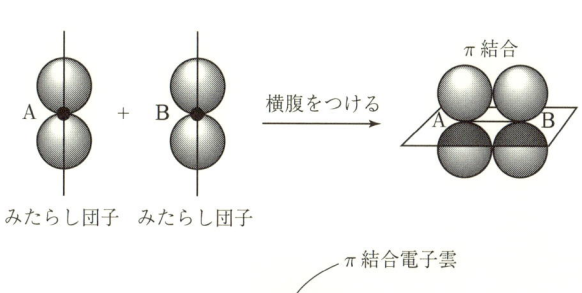

A みたらし団子 + B みたらし団子 横腹をつける → π結合

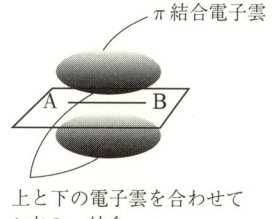

π結合電子雲
A ── B

上と下の電子雲を合わせて
1本のπ結合

2.6 一重結合，二重結合，三重結合

共有結合には，一重結合(単結合)，二重結合，三重結合などがある．これらは σ 結合と π 結合が組み合わさったものである．二重結合，三重結合を多重結合ということがある．単結合は σ 結合のみ，多重結合は σ 結合と π 結合の組み合わせからできている．

(1) 一重結合(単結合): フッ素分子 F-F

フッ素原子 F では，3 個の p 軌道のうち 1 個，p_x に不対電子が入っている．2 個のフッ素原子は，前節のように，この p_x 軌道を使って σ 結合を形成することができる．このように，σ 結合だけでできた結合を一重結合(単結合)という．

(2) 二重結合: 酸素分子 O=O

酸素原子は 2 個の p 軌道，p_x, p_z に 2 個の不対電子をもっているので，2 本の共有結合をつくることができる．

2 個の酸素原子が x 軸上を近づくと，p_x 軌道は上と同様に σ 結合をつくる．一方，互いに平行な p_z 軌道は横腹を接して π 結合をつくることになる．このように，σ 結合と π 結合とで二重に結合した結合を二重結合という．

図では見やすいように，p 軌道を細く描き，π 結合は p 軌道を結ぶ線で表してある．

(3) 三重結合: 窒素分子 N≡N

窒素原子では 3 個の p 軌道すべてに不対電子が入っている．そのため，窒素原子は 3 本の共有結合で結合することができる．

p_x 軌道は σ 結合をつくり，互いに平行な 2 本の p 軌道は π 結合をつくる．したがって，p_y 同士，p_z 同士の間でそれぞれ 1 本ずつ，合計 2 本の π 結合が形成される．このように 1 本の σ 結合と 2 本の π 結合とで三重に結合した結合を三重結合という．

表に単結合，多重結合の種類と，それを構成する σ 結合，π 結合の組み合わせを示す．

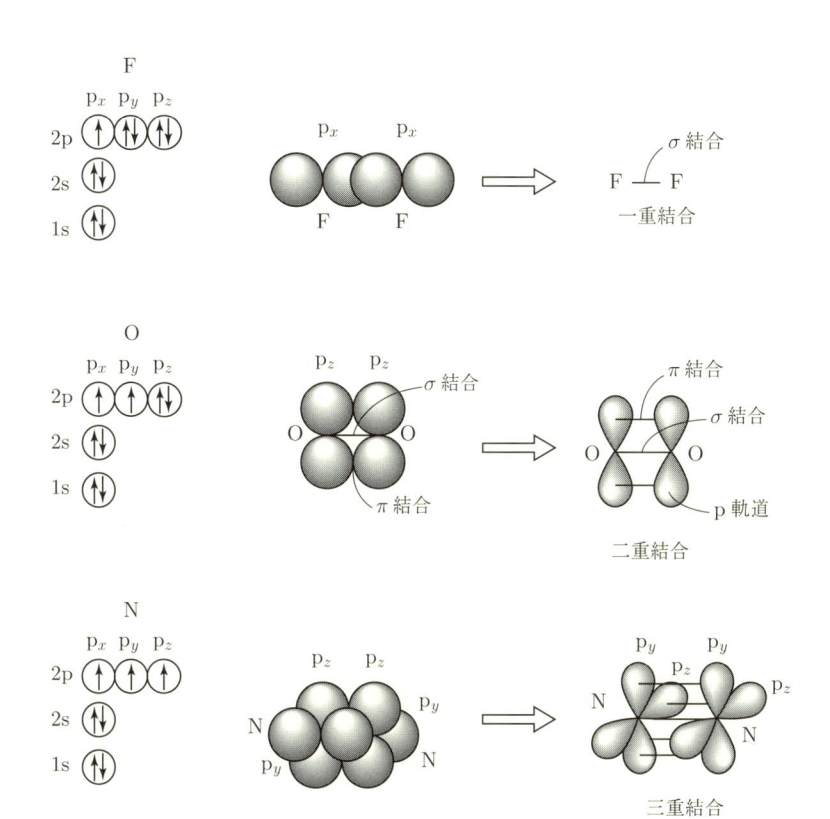

2.6 一重結合，二重結合，三重結合

結合の種類	内容
一重結合	σ 結合
二重結合	σ 結合 + π 結合
三重結合	σ 結合 + π 結合 + π 結合

2.7 結合エネルギー

結合の強弱は結合エネルギーで表すことができる．これは結合解離エネルギーともよばれ，結合を切断するために要するエネルギーである．

（1） σ結合とπ結合の強弱

共有結合の場合には，結合の強弱は結合をつくる際の原子軌道の重なりの大きさで見積もることができる．重なりが大きければ強い結合であり，少なければ弱い結合である．

p軌道でつくるσ結合とπ結合を比べると，σ結合の重なりが大きい．これは，σ結合とπ結合を比べるとσ結合の方が強固なことを示す．

（2） 結合エネルギー

結合エネルギーを種類ごとにまとめてグラフに示す．

◆ 分子間力

分子間力は共有結合の1/10もないことがわかる．分子間力がいかに小さなものかがよくわかる．

◆ 共有結合

共有結合では，一重結合＜二重結合＜三重結合の順に大きくなっている．しかし，σ結合とπ結合では強度が異なるから，二重結合の結合エネルギーは一重結合エネルギーの2倍，というような単純なわけにはいかない．

◆ イオン結合

イオン結合の結合エネルギーは，共有結合に対比するとほぼ一重結合と二重結合の間に相当する．また，陽イオンがNa^+のものを比較すると$F^- > Cl^- > Br^- > I^-$と，電気陰性度の順になっており，陽イオンと陰イオンの電気陰性度の差が大きいほど結合が強くなっていることがわかる．

これは電気陰性度の大きいものほど負電荷が大きくなり，Na^+との間に強い静電引力が働くことによるものである．

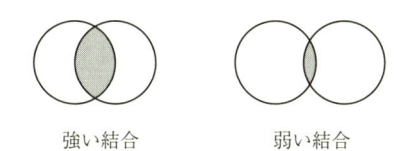

2.7 結合エネルギー

強い結合　　　弱い結合

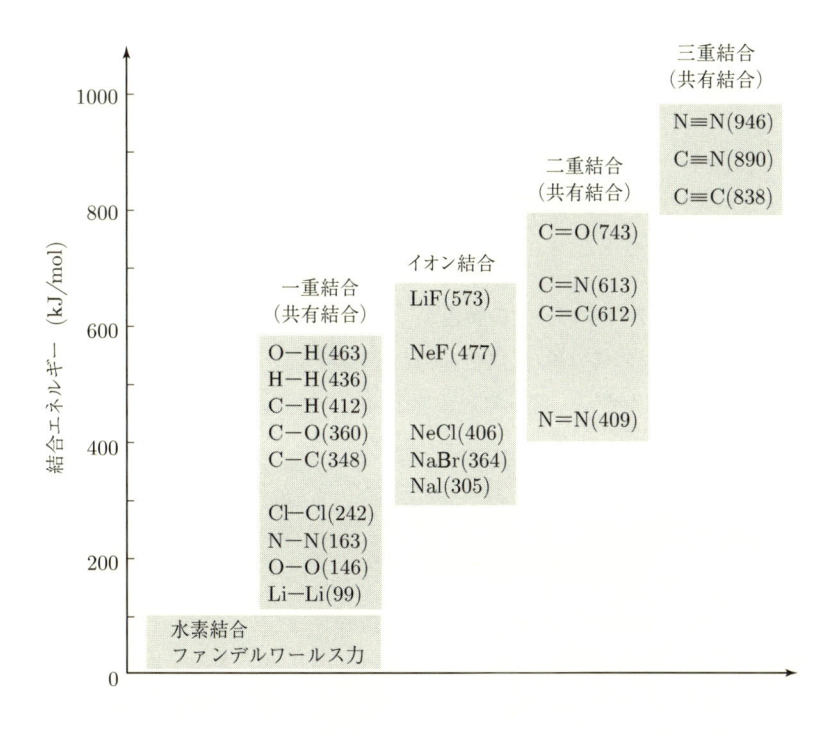

三重結合
(共有結合)
N≡N(946)
C≡N(890)
C≡C(838)

二重結合
(共有結合)
C=O(743)
C=N(613)
C=C(612)
N=N(409)

イオン結合
LiF(573)
NeF(477)
NeCl(406)
NaBr(364)
NaI(305)

一重結合
(共有結合)
O−H(463)
H−H(436)
C−H(412)
C−O(360)
C−C(348)
Cl−Cl(242)
N−N(163)
O−O(146)
Li−Li(99)

水素結合
ファンデルワールス力

結合エネルギー (kJ/mol)

3. 混成軌道の結合

混成軌道とは，原子が元々もっている原子軌道，s軌道，p軌道などを編成してつくった新しい軌道のことである．原子は共有結合をするときに限って混成軌道を使うことがある．

3.1 混成軌道の考え

原子軌道を再配分し，新たな軌道に作り直すことを軌道混成という．この結果できた新しい軌道を混成軌道という．

(1) 合挽きハンバーグの喩え

混成軌道の考えは，2種類の肉を混ぜてつくる合挽きハンバーグに例えるとよくわかる．s軌道を豚肉ハンバーグ，p軌道を牛肉ハンバーグとし，それぞれの値段を1個100円，500円としよう．

原料ハンバーグとして豚肉ハンバーグを1個と牛肉ハンバーグ3個をボールに入れ，混ぜて等分してつくった4個の新しいハンバーグが混成ハンバーグである．

(2) 合挽きハンバーグの特色

合挽きハンバーグ(混成軌道)は，原料ハンバーグ(原子軌道)からできているのだから，混成軌道に原子軌道の性質が受け継がれるのは当然である．

原料ハンバーグも，合挽きハンバーグも，ハンバーグであるから，形や大きさには規制がある．この結果，原料ハンバーグと，生成物の合挽きハンバーグの間には次の関係が生じる．

 A. 原料のハンバーグと同じ個数の合挽きハンバーグができる．
 B. 合挽きハンバーグの形はすべて等しい．
 C. 合挽きハンバーグの値段は原料ハンバーグの値段の平均値となる．上の例の場合ならば1個400円である．

この値段は大変に重要であり，これが軌道のエネルギーを表している．すなわち，混成軌道のエネルギーは原子軌道の平均である．

3.1 混成軌道の考え 33

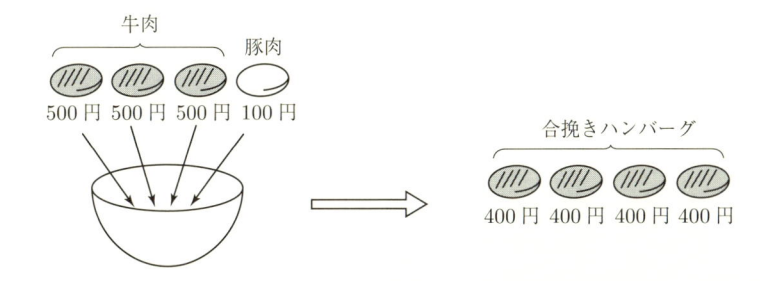

3.2 炭素の混成軌道

炭素は共有結合をつくるときに，ほとんど必ず混成軌道を用いる．したがって，有機化合物は混成軌道を用いた共有結合でできた化合物と考えることができる．

（1） 炭素の混成軌道の種類

炭素のつくる混成軌道には3種類ある．s軌道とp軌道1個ずつからつくるsp混成軌道，s軌道1個とp軌道2個からつくるsp^2混成軌道，s軌道1個，p軌道3個からつくるsp^3の3種類である．

sp^2, sp^3の上付きの数字2, 3は，混成軌道に使われたp軌道の個数を表す．

（2） 炭素の混成軌道の特色

s軌道とp軌道からできる混成軌道は，前節でみたハンバーグの例えの考え方をそっくり受け継いでいる．すなわち

① 原子軌道と同じ個数の混成軌道ができる．したがって，sp混成なら2個，sp^2混成なら3個，sp^3混成なら4個の混成軌道ができる．
② 混成軌道の形はすべて等しく，野球のバットを太く短くしたような形である．
③ エネルギーは原子軌道のエネルギーの平均値となる．各軌道のエネルギーを高低の順に従って並べると図のようになる．

（3） 混成軌道のつくる結合

2.7節で，共有結合の強弱は軌道の重なりの大小に関係することをみた．この観点からみると，混成軌道は共有結合に最適の形をしていることがわかる．すなわち，バットのように方向性をもち，しかも先端に行くほど太くなっている．そのため，他の軌道と共有結合をつくるときに大きな軌道の重なりをつくることができる．

3.2 炭素の混成軌道　　　　　　　　　　　　　　　　　　　　　　　　　　　　35

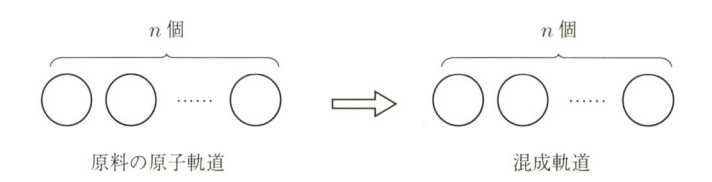

n 個　　　　　　　　　　n 個

原料の原子軌道　　　　　　混成軌道

s ＋ n p ⇒ $(n+1)$ sp^n 混成軌道

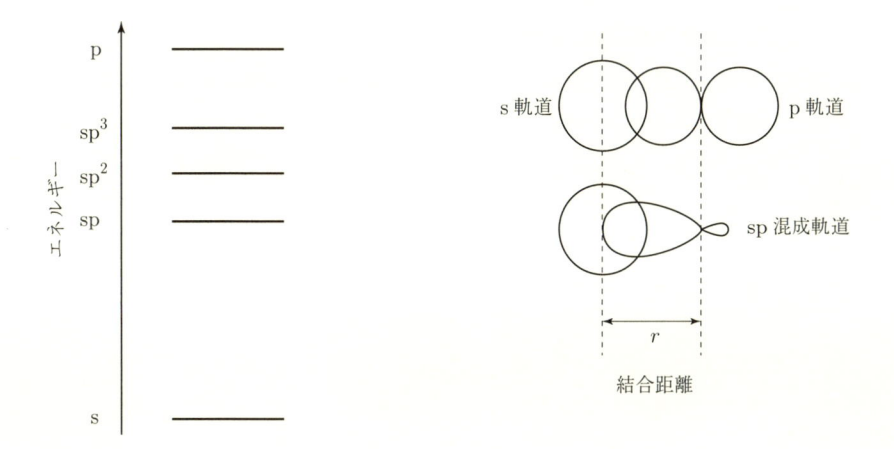

p
sp^3
sp^2
sp

s

エネルギー

s 軌道　　p 軌道

sp 混成軌道

r

結合距離

3.3 sp^3 混成軌道: メタン CH$_4$

s 軌道と 3 個の p 軌道からできた混成軌道を sp^3 混成軌道という．sp^3 の上付きの数字 3 は，3 本の p 軌道を使っていることを表す．また，s，p の字体は小文字とする．sp^3 混成軌道を使った典型的な分子はメタン CH$_4$ である．

(1) sp^3 混成軌道

混成状態を構成する各軌道のエネルギー順位と電子配置を図に示す．4 個の sp^3 混成軌道に L 殻の 4 個の電子が入るので，1.5 節の規則④でみた電子配置によって，電子のスピン方向を平行にするため，各軌道に 1 個ずつの不対電子が入る．このため，炭素は 4 本の共有結合をつくることができる．

4 個の混成軌道は互いに 109.5°の角度で交わり，原子核から正四面体の頂点方向に突き出す．この形は海岸にある波消しブロックのテトラポッドにそっくりである．

(2) メタン CH$_4$ の結合

メタン CH$_4$ の炭素は，4 個の sp^3 混成軌道が 4 個の水素の 1s 軌道に重なって，各々が σ 結合をつくる．このため，メタンの形はテトラポッド形になる．また，4 個の水素原子を結んだ形は正四面体となる．

(3) エタン H$_3$C-CH$_3$ の結合

メタンから水素原子 H・1 個を取り去ったもの CH$_3\cdot$ をメチルラジカルという．メチルラジカルでは，水素原子が外れた後の混成軌道に 1 個の不対電子 "・" が入っている．このような電子をラジカル電子といい，ラジカル電子をもっているものをラジカルという．ラジカルは激しい反応性をもつため，安定に存在することはできない．

2 個のメチルラジカルがラジカル電子を使って結合した分子をエタンという．エタンの C-C 結合は σ 結合である．

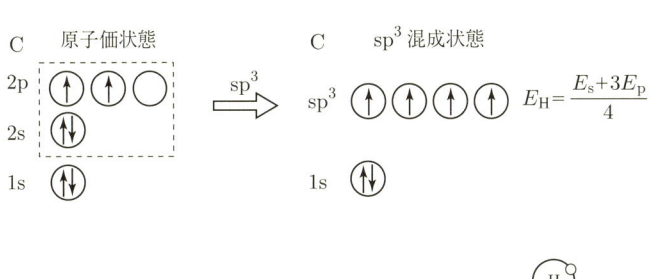

3.3 sp³ 混成軌道: メタン CH₄

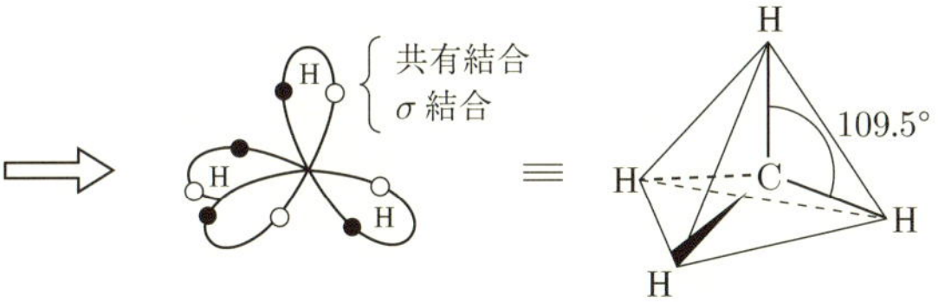

C 原子価状態

2p ↑ ↑ ○
2s ↑↓
1s ↑↓

$\xrightarrow{sp^3}$

C sp³ 混成状態

sp³ ↑ ↑ ↑ ↑
1s ↑↓

$E_H = \dfrac{E_s + 3E_p}{4}$

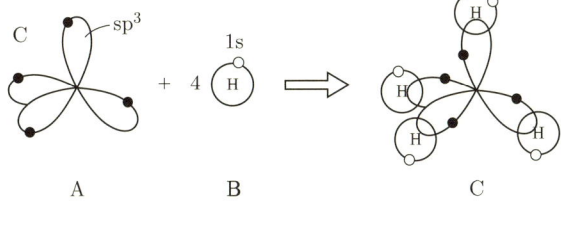

A: C — sp³ 軌道
B: 4 H (1s)
C: 合成軌道

D: 共有結合 / σ結合

E 正四面体 109.5°

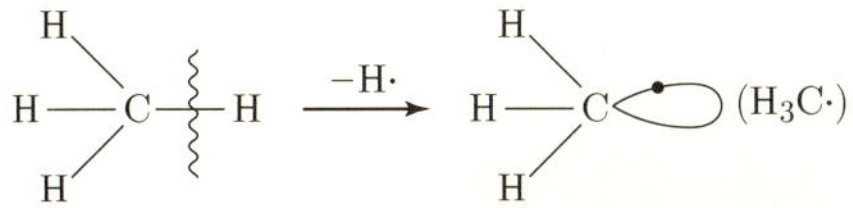

メタン → メチルラジカル (H₃C·) （−H·）

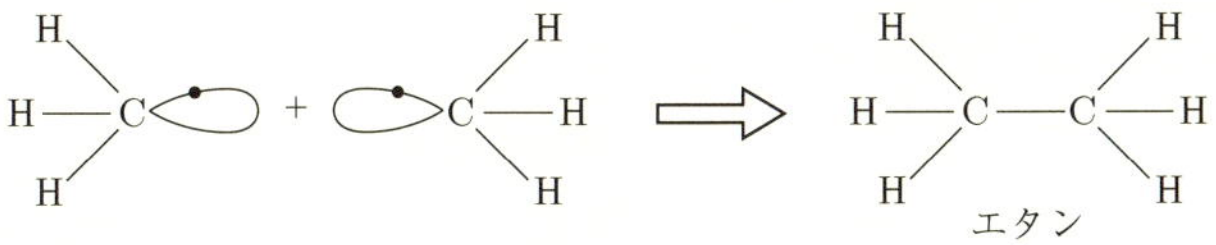

エタン

3.4 一重結合の回転

σ結合の特徴は結合回転が可能なことである．しかし，まったく自由に回転できるわけではない．分子の他の部分の立体的影響によって，回転が制約を受けることがある．

(1) 回転異性体

エタンのC-C結合はσ結合であり，回転できる．したがって，エタンの立体構造は回転に伴って変化することになる．

図に示すのは回転に伴って現れるエタンの構造変化である．両方の炭素についている水素原子が空間的に重なる構造を重なり形という．それに対して，両者が斜交になる構造をねじれ形という．このように，結合回転によって一時的に現れる異性現象を回転異性，あるいは配座異性という．

(2) ニューマン投影図

回転異性体の違いを表す表示法に，木挽き台モデル，ニューマン投影図がある．木挽き台モデルは即物的でわかりやすいが，複雑な分子には対応できない．

ニューマン投影図は，結合を一方の方向から見た図であり，円は炭素原子を表す．したがって，結合を表す直線が中心から伸びるものは手前の炭素と結合したものであり，円の周囲から出る直線は奥の炭素に結合したものである．

(3) 回転のエネルギー

図はエタンのC-C結合の回転に伴うエネルギー変化である．重なり形では，水素間の立体反発によって高エネルギーである．それに対して，ねじれ形では，立体反発がないので低エネルギーである．この結果，エタンの回転では60°ごとにエネルギーが変化することになる．ただし，このエネルギー差は小さいので，重なり形とねじれ形を分離して取り出す(単離)ことはできない．

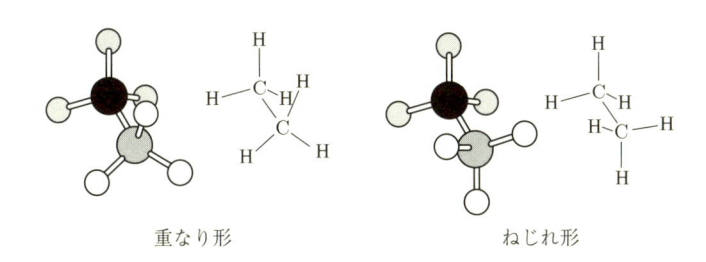

3.4 一重結合の回転

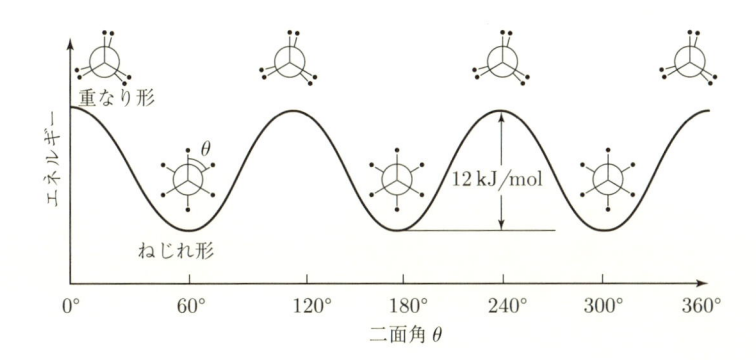

重なり形　　　　　　　　　　　ねじれ形

重なり形　　　　　　　　　　　ねじれ形

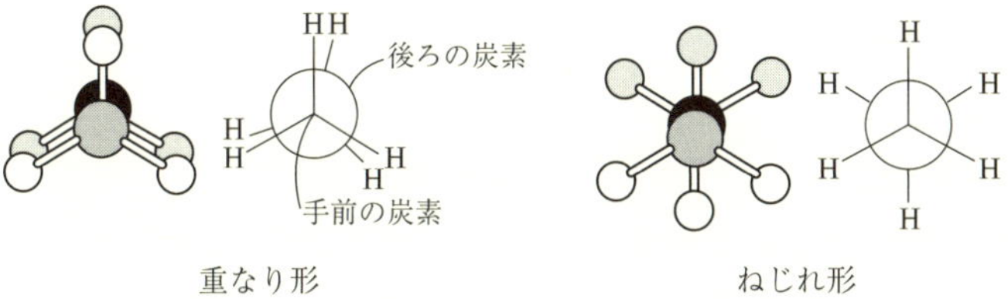

後ろの炭素
手前の炭素

重なり形
ねじれ形
12 kJ/mol
エネルギー
0°　60°　120°　180°　240°　300°　360°
二面角 θ

3.5 sp^2 混成軌道: エチレン H$_2$C=CH$_2$

1個のs軌道と2個のp軌道からできた混成軌道をsp^2 混成軌道といい,全部で3個ある. sp^2 混成状態の炭素で,重要なのは混成軌道ではなく,混成に関係しなかったp軌道である.

(1) sp^2 混成軌道

1個のs軌道と2個のp軌道という,3個の原子軌道からできるsp^2 混成軌道は全部で3個ある. 3個の混成軌道はxy平面にあり,互いに120°の角度で交わる.

混成に関係しなかったp$_z$軌道はそのままz軸方向を向く. すなわち,混成軌道の乗るxy平面を垂直に貫いている.

(2) σ結合

sp^2 混成状態の炭素がつくる典型的な化合物はエチレン (エテン) H$_2$C=CH$_2$ である. エチレンを構成する2個のsp^2 炭素はともにxy平面に乗り,互いに1本ずつの混成軌道を重ねてσ結合をつくる. 残った2個ずつの混成軌道は水素の1s軌道と重なってσ結合をつくる.

このようにしてエチレンの平面構造ができる. この構造はσ結合だけでできているのでσ骨格ということがある.

(3) π結合

各炭素には混成に関係しなかったp$_z$軌道が結合せずに残っている. 図はこのp$_z$軌道をわかりやすく表現したものである. 見やすいように,σ結合を直線で表してある.

2個のp$_z$軌道は互いに結合距離を保って平行になっている. この結果,炭素間にπ結合が形成されることになる. すなわち,エチレンのC-C結合はσ結合とπ結合で二重に結合し,二重結合を形成する.

前にみたように,π結合は回転できない. したがって,π結合を含む二重結合も回転できないことになる. そのため,図のシス体とトランス体は互いに相互変化することができない. このような異性体をシス-トランス異性という.

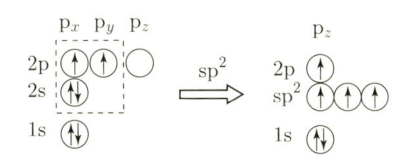

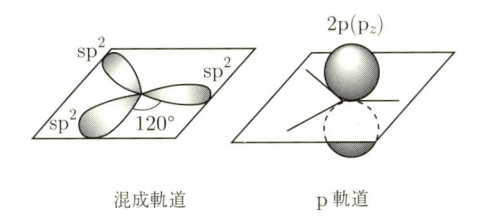

3.5　sp² 混成軌道: エチレン H₂C=CH₂

混成軌道

p 軌道

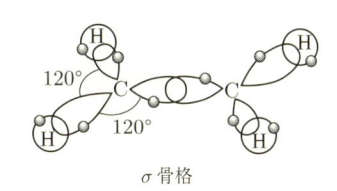

σ 骨格

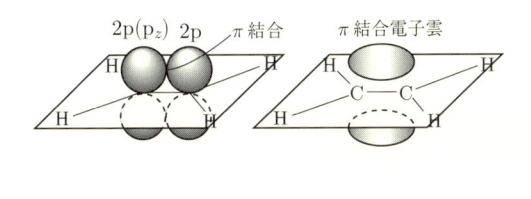

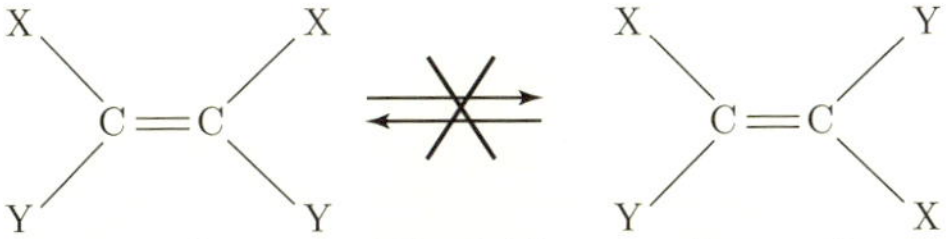

シス体　回転不可能　トランス体

3.6 sp 混成軌道: アセチレン HC≡CH

1個のs軌道と1個のp軌道からできた混成軌道をsp混成軌道という．sp混成炭素には，混成に関係しなかった2個のp軌道が存在するので，2本のπ結合を形成することができる．

(1) sp 混成軌道

sp混成軌道は2個ある．2個のsp混成軌道は，x軸上で互いに反対方向を向く．混成に関係しなかったp_y軌道とp_z軌道は，そのままy軸，z軸方向を向く．すなわち，混成軌道と2個のp軌道は互いに直交の関係になる．

(2) σ 結合

sp混成状態の炭素がつくる典型的な化合物はアセチレンHC≡CHである．

アセチレンを構成する2個のsp炭素は，互いの混成軌道を重ねてσ結合をつくる．そして，もう1個の混成軌道で水素と結合する．この結果，アセチレンの構造は，4個の原子が一直線に連なったものとなる．

(3) π 結合

アセチレンの炭素にはまだ2個のp軌道，すなわちp_y軌道とp_z軌道が結合しないまま残っている．これらのp軌道はそれぞれが重なって2本のπ結合をつくることができる．したがって，アセチレンのC–C結合は1本のσ結合と2本のπ結合とで三重に結合した三重結合である．

この結果，アセチレンのπ結合電子雲は，それぞれのπ結合で2本ずつ，合計4本となり，結合軸を取り囲むようにして存在する．そのため，互いに交じり合って，円筒形の電子雲を形成するものと考えられている．

(4) 混成軌道と多重結合

単結合，多重結合を形成する炭素の混成状態を表にまとめる．ただし，これらは典型的な例であり，後にみるように例外は存在する．

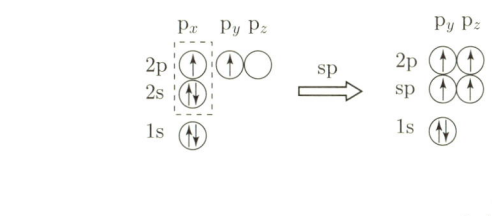

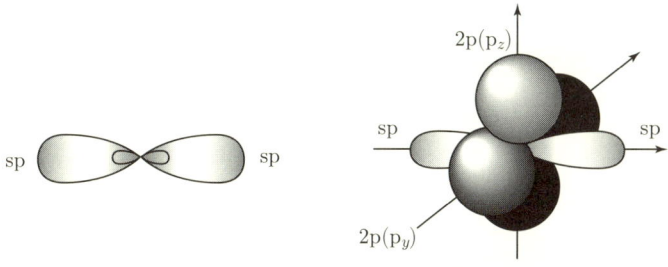

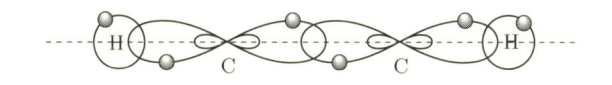

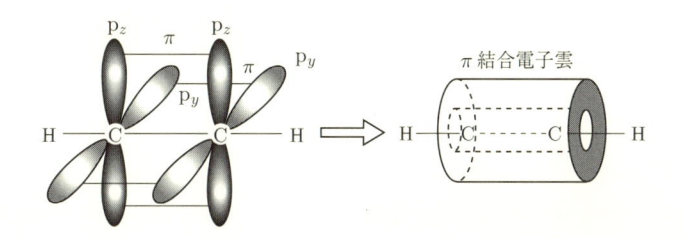

3.6 sp 混成軌道: アセチレン HC≡CH

結合の種類	混成状態	内容
一重結合	sp^3	σ 結合
二重結合	sp^2	σ 結合 + π 結合
三重結合	sp	σ 結合 + π 結合 + π 結合

4. 水の結合と配位結合

分子の結合を考える際に，欠くことのできない無機化合物がある．アンモニア NH_3 と水 H_2O である．これらの分子の大きな特徴の1つは，配位結合をつくるということである．

4.1 アンモニアの結合

アンモニアは激しい臭気をもった気体である．水に溶けてアンモニア水となり，水素イオン(プロトン) H^+ と反応して，アンモニウムイオン NH_4^+ となる．

(1) 窒素原子の混成軌道

共有結合をするときに混成軌道を用いるのは炭素だけではない．窒素や酸素，あるいは金属原子なども必要に応じて混成軌道を用いる．

アンモニアを構成する窒素は sp^3 混成状態である．窒素はL殻に5個の電子をもつため，4個の混成軌道に5個の電子が入らなければならない．この結果，1個の混成軌道には2個の電子が入って非共有電子対となる．したがって，窒素が共有結合に使うことのできる混成軌道は3個である．

(2) アンモニア分子の結合

図はアンモニアの構造である．不対電子の入った3個の混成軌道に3個の水素原子が1s軌道を重ねてN-Hσ結合をつくる．この結果，3本のN-H結合を構成する結合電子は，窒素から来た1個と，水素から来た1個となるので，この結合は共有結合である．

分子の形を考える場合には，原子を結んだ線がつくる多角形をもとにして考え，電子雲(の形)は無視する．したがって，アンモニアは正四面体構造のメタンとは異なり，正三角形の底面と，3枚の二等辺三角形からできた三角錐形構造ということになる．

窒素原子上の非共有電子対はアンモニアの物性，反応性に大きな影響を与えるがそれについては4.3節でみることにしよう．

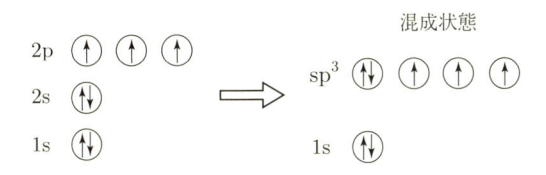

4.1 アンモニアの結合

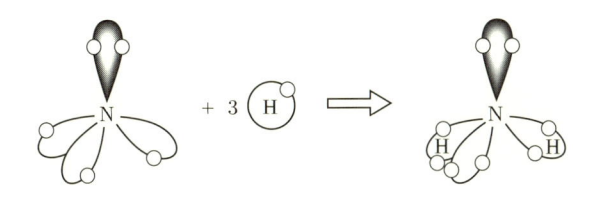

混成状態

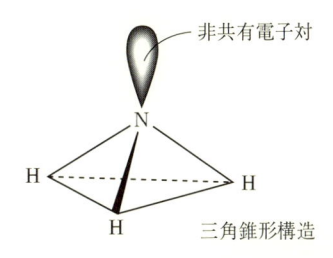

非共有電子対

三角錐形構造

4.2 水の結合

水を構成する酸素も sp^3 混成である.水の関与する結合として重要なものに,水分子の間で構成される水素結合がある.

(1) 水分子の結合

酸素には 6 個の L 殻電子がある.そのため,4 個の混成軌道に 6 個の電子が入るので,2 個の混成軌道には非共有電子対が入ることになる.

その結果,酸素が共有結合に使うことのできる混成軌道は 2 個だけとなる.2 個の sp^3 混成軌道の角度 (結合角度) は 109.5°であるから,水の結合角度もそれに近いものとなる.実測は 104.5°である.

図は水の構造である.4 個の sp^3 混成軌道のうち,2 個だけが水素と結合し,残り 2 個には非共有電子対が入る.すなわち,水の酸素は正四面体の頂点方向を向いた 2 組の非共有電子対をもっている.

(2) 水分子間の結合: 水素結合

5 章で詳しくみることになるが,水分子は互いに水素結合をして連結し,巨大な分子集団 (会合,クラスター) をつくっている.

水素結合は基本的には正に荷電した水素原子と,負に荷電した酸素原子の間に働く静電引力である.しかし,上でみた水分子の構造を考えると,水が関与する水素結合には方向性のあることが示唆される.

すなわち,水の酸素原子上にある負電荷はおもに 2 組の非共有電子対によるものである.よって,酸素の負電荷は 2 個に分けて考えることができ,その角度は正四面体の頂点方向を向くことになる.つまり,水分子の水素結合はこの方向に向かって形成されることになる.

これが現れているのが,図の立体分子モデルで表した氷の構造である.氷の構造は,sp^3 混成軌道で結合したダイヤモンドの結晶構造と同じであることが知られている.したがって,各酸素原子は正四面体の頂点方向で 2 本の O-H 結合とで,2 本の水素結合を構成している.

4.2 水の結合

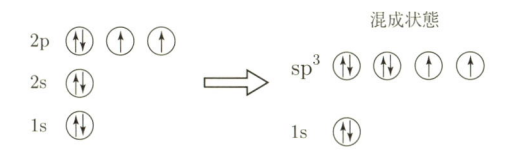

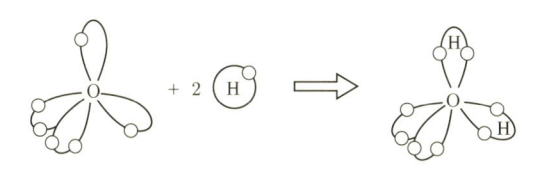

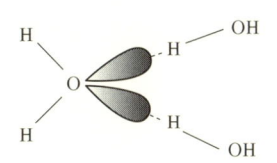

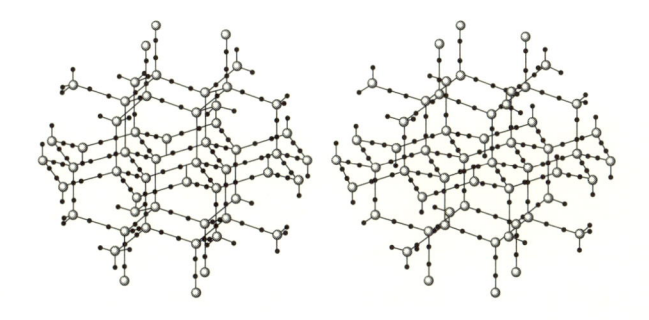

4.3 アンモニウムイオンの結合

アンモニア NH_3 と水素陽イオン H^+ からできた陽イオン NH_4^+ をアンモニウムイオンという．

（1） NH_3 の電子状態

NH_3 の窒素は sp^3 混成であり，混成軌道の1個には非共有電子対が入っている．図では共有結合を強調するため，N–H共有結合をつくる2個の電子を，Nから来たものは•，Hから来たものは◦で表す．非共有電子対の電子は2個ともNのものなので•で表してある．

（2） H^+ の構造

水素陽イオン H^+ は水素原子から電子がとれたものである．これは原子核そのものであり，陽子（プロトン）pそのものである．

原子の直径は原子核の直径の約10000倍である．水素原子が原子核に比べて大きいのは，電子の入った1s軌道があるからである．この水素原子から電子を取り去ったら，同時に1s軌道も消失する．残るのは水素原子の1/10000の大きさの原子核pである．これが水素陽イオン H^+ である．

したがって，小さい H^+ は近くに結合できる電子雲があれば，すぐにその中に潜り込んで結合する．結合を考える際には，H^+ も1s軌道をもっていると考えると考えやすい．ただし，その軌道に電子は入っていない．このような仮想の軌道を空軌道という．

（3） NH_4^+ の生成

NH_3 の非共有電子対に H^+ の1s空軌道を重ねたらどうなるだろう．この軌道重なりは sp^3 混成軌道と1s軌道の重なりであり，NH_3 のN–H結合のものとまったく同じである．しかも，この重なった軌道内に存在する電子は，窒素の非共有電子対の電子であり，2個である．これもN–H結合と同じである．

したがって，非共有電子対と空1s軌道でできたN–H結合は，共有結合のN–H結合と何ら変わるところはない．

4.3 アンモニウムイオンの結合

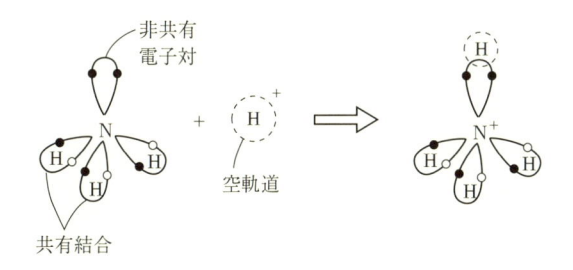

$$NH_3 + H^+ \longrightarrow NH_4^+$$

アンモニア　　プロトン　　　　アンモニウムイオン

4.4 配位結合

前節で，アンモニウムイオンの新しくできた N–H 結合と，前からある N–H 共有結合の間に違いはないといった．しかし，実は決定的な違いがある．

（1） 結合の違い

両者の違いとは，結合をつくる電子の由来である．新しい N–H 結合をつくる 2 個の電子はともに•で表されているように，ともに N から来ている．これは•と◦からできている他の N–H 共有結合とは明らかに異なっている．

（2） 配位結合

共有結合と同じく 2 個の結合電子からできる結合であるが，その電子が 2 個とも片方の原子だけからできている結合を配位結合という．

無機化合物の結合として重要なのが配位結合である．ここで，配位結合は分子とイオンを結合する結合であると同時に，分子と分子を結合する結合でもある．

このように，配位結合は生成する過程は共有結合と異なるが，できてしまえば共有結合と何も変わらない．

（3） アンモニウムイオンの形

アンモニウムイオンでは中心の窒素から 4 本の N–H 結合が伸び，その間の角度は sp^3 混成軌道の角度 109.5°である．これはメタンの場合とまったく同じである．メタンの中心炭素が窒素イオン N^+ に変わっただけである．したがって，アンモニウムイオンの形はメタンと同じ正四面体形，テトラポッド形ということになる．

4.4 配位結合

共有結合　A⟨•＋∘⟩B　⟹　A⟨•∘⟩B
　　　　　Aの不対電子　Bの不対電子　　Aの電子／Bの電子

配位結合　A⟨••＋( )⟩B　⟹　D⟨••⟩E
　　　　　Aの不対電子　空軌道　　Aの電子／Aの電子

H–N⁺(H)(H)H　109.5　　H–C(H)(H)H

アンモニウムイオン　　　　メタン

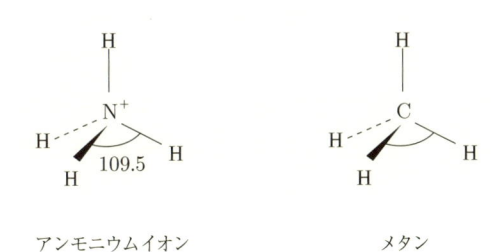

4.5 ヒドロニウムイオンの結合

水 H_2O と水素陽イオン H^+ とからできたイオン H_3O^+ をヒドロニウムイオンという．

(1) ヒドロニウムイオンの結合

ヒドロニウムイオン H_3O^+ の生成機構と結合状態はアンモニウムイオン NH_4^+ と同じである．すなわち，H_2O のもつ 2 組の非共有電子対のうちの 1 組と，H^+ の空 1s 軌道との間の配位結合による結合である．

したがって，ヒドロニウムイオン H_3O^+ の形はアンモニア分子 NH_3 と同じ三角錐形となる．そして，酸素原子上には，残った 1 組の非共有電子対の入った混成軌道が立っている．

(2) ヒドロニウムイオンの電荷分布

ヒドロニウムイオンの構造は H_3O^+，アンモニウムイオンの構造は NH_4^+ と書く．要するに，電荷を表す "+" はそれぞれ酸素 O，窒素 N につける．

これは，これらイオンの正電荷が，それぞれ酸素上，窒素上に存在している．つまり，正に荷電しているのは酸素原子，窒素原子であり，水素原子は電気的に中性のままであることを示している (ようである)．

しかし，このように考えるのは間違いである．アンモニウムイオン，ヒドロニウムイオンの O^+，N^+ は，書式上そう書いただけのことである．正電荷は分子 (イオン) 全体で担うものであり，酸素，窒素原子だけが担わなければならないものではない．

それでは，この電荷はどの原子が担うのか．それを決めるのは電気陰性度である．水素の電気陰性度は 2.1 であり，酸素，窒素はそれぞれ 3.5，3.0 であり，明らかに水素より大きい．ということは，これらのイオンを構成する結合電子雲は，それぞれ中心の酸素原子，窒素原子に引き寄せられていることを示す．

すなわち，これらのイオンで実際に正に荷電しているのは周囲 (分子表面) の水素原子であり，中心原子は中性，あるいは負に荷電している．

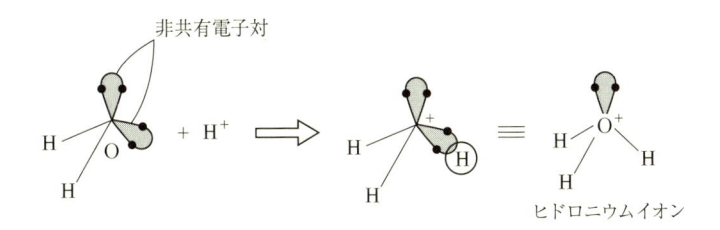

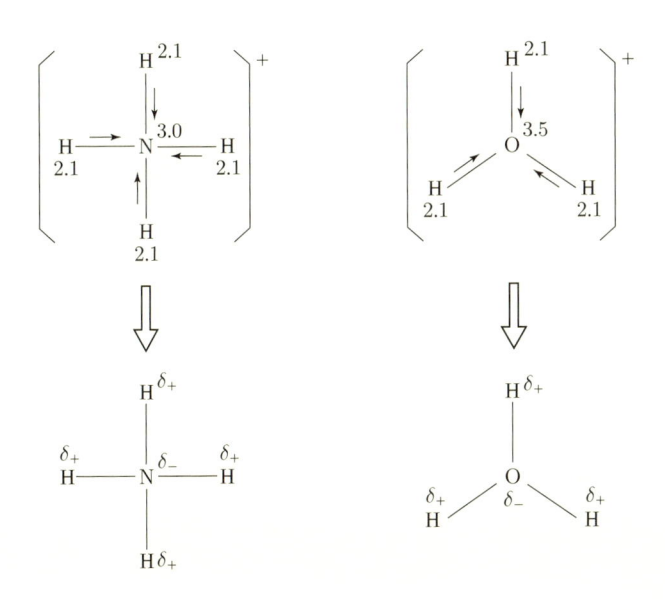

4.5 ヒドロニウムイオンの結合

5. 結合のイオン性と分子間力

共有結合は電気的に中性とは限らない．イオン結合のように電気的に正の部分と負の部分が現れることがある．

5.1 電子雲の偏り

共有結合をつくる電子雲は変形することはないのだろうか．

(1) 結合電子雲

水素分子 H_2 の σ 結合電子雲は紡錘形であり，左右対称である．フッ素分子 F_2 の σ 結合電子雲も同様に左右対称である．これらの結合電子雲は左右両側から同じ原子核の同じ静電引力によって引かれている．

それではフッ化水素 HF の結合電子雲はどうであろうか．左右対称になっているのだろうか．原子が電子を引き付ける度合いは電気陰性度によって異なる．水素の電気陰性度は 2.1 であり，一方フッ素は全原子中最大の 4.0 である．この結果，電子雲はフッ素側に大きく引き寄せられ，左右非対称になる．

(2) 結合分極

この結果，フッ素は電子過剰になって負に荷電し，反対に水素は電子欠乏になって正に荷電する．このように共有結合を構成する 2 個の原子のうち，片方が正，片方が負になってイオン性が現れることを結合分極という．結合分極をもつ分子を極性分子，もたない分子を非極性分子という．

同じ原子が結合した等核二原子分子以外の分子では，結合電子雲は本質的に左右非対称であり，結合は極性を帯びる．極性のない完全な共有結合は例外的である．

共有結合に表れるイオン性の量と，結合する 2 原子の間の電気陰性度の差をグラフに表す．共有結合とイオンは連続的に変化することがわかる．

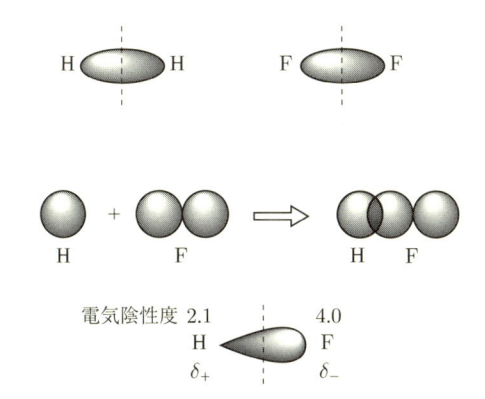

5.1 電子雲の偏り   55

電気陰性度 2.1   4.0
H   F
δ₊   δ₋

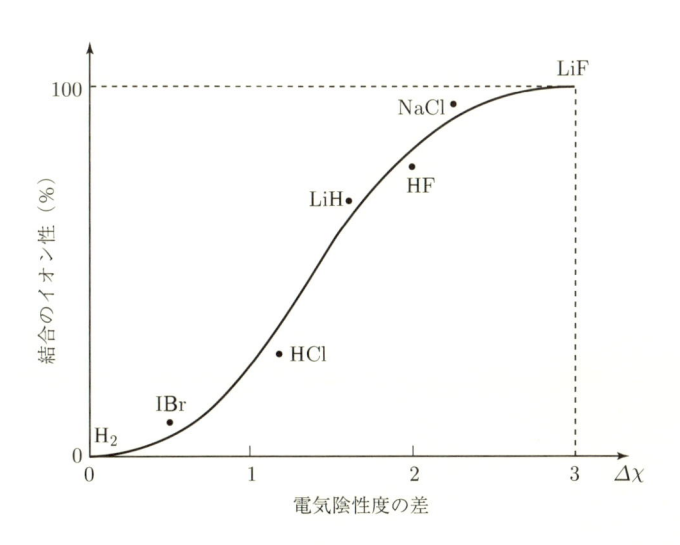

結合のイオン性 (%)

電気陰性度の差 Δχ

5.2 水素結合

水中の水分子は,独立した1個の分子として挙動しているのではない.多くの水分子が互いに引き合い,行動を制約し合いながら集団として挙動している.水分子の間に働く結合を水素結合という.このように分子の間に働く引力を一般に分子間力という.

(1) 水素結合と会合

酸素と水素の電気陰性度はそれぞれ3.5と2.1である.そのため,水分子のOH結合はOが負,Hが正に荷電した結合分極状態となっている.

したがって,2個の水分子が近づくとOとHの間に静電引力が働き,互いに引き合うことになる.この力を水素結合という.液体の水中では,水分子は水素結合によって何分子もが結合して集団をつくっている.このような集団を会合,あるいはクラスターという.

(2) 水素結合と沸点

蒸発は液体中の分子が空気中に飛び出す現象であり,分子の重さ,すなわち分子量に関係する.つまり,一般に,分子量の小さい分子は蒸発しやすいので沸点は低くなり,分子量の大きい分子は沸点が高くなる.

炭化水素の一種であるアルカン C_nH_{2n+2} の沸点と,その分子量の関係をグラフに表す.分子量と沸点の間によい相関関係のあることがわかる.これは上のことを支持するものである.

ところが,このグラフに水の沸点(100°C)と分子量(18)を入れるとアルカンの直線から大きく外れることがわかる.

このグラフから水分子の見かけの分子量を推定すると約100になる.これは沸騰の段階でも,水分子は5分子(100/18)程度は会合していることを示している.

メタノール CH_3OH もアルカンのグラフから大きく外れているのは,メタノールのO-H結合も水のO-H結合と同じように水素結合を形成することを示している.

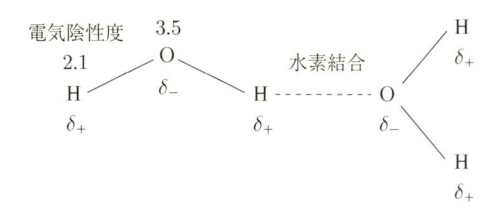

5.2 水素結合

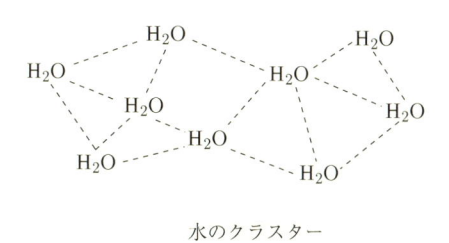

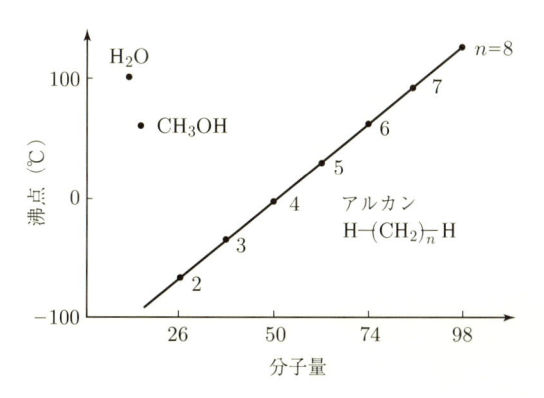

電気陰性度 3.5
2.1

H—O⋯H—O
δ+ δ−   δ+ δ−

H δ+
H δ+

水素結合

水のクラスター

アルカン H−(CH$_2$)$_n$−H

5.3 水素結合と周期表

水素結合という名前は，元々は水分子の間の分子間力につけられた名前である．しかし，一般には水に限らず OH 結合に基づく分子間力，また正に荷電した水素を仲立ちにした分子間力をも水素結合という．

（1） 水素結合の種類

ヒドロキシ基 OH をもつ分子ならば，どのような分子の間にでも水素結合は形成される．前節でみたアルコール類 R–OH の間での水素結合はこのようなものである．これは水分子の水素結合と同じものである．

また，アミン R–NH$_2$ でも水素は正に，窒素は負に荷電しているので水素結合が可能である．

H$^+$ を仲立ちにした水素結合では，ヒドロキシ基とカルボニル基 C=O の間のものがよく知られている．カルボニル基では炭素が正，酸素が負に荷電している．そのため，ヒドロキシ基の炭素とカルボニル基の酸素が水素を仲立ちにして水素結合する．

このような結合としてカルボン酸 R–COOH の間の水素結合がある．この分子の間では図に示すように 2 本の水素結合が可能である．そのため，カルボン酸は 2 分子が会合した二量体として挙動する．

（2） 水素結合と周期表

グラフは各種の元素 X と水素の結合 XH$_n$ 結合からなる分子の水素結合の強さを表すものである．横軸は元素 X の属する周期を表し，同じ族の元素を線で結んである．

グラフで右に行くほど，すなわち周期表の下部になって，X の原子量が大きくなるほど沸点は高くなる．そのため，水素結合をつくらない 14 族元素は C → Si → Ge → Sn と原子量の増加 (周期の増加) とともに沸点が上昇している．

しかし，沸点はまた水素結合の影響も受け，水素結合が強くなるほど沸点も高くなる．グラフから，元素による沸点の差が最も顕著に現れているのは第 2 周期の元素である．これは電気陰性度の差が最も顕著に現れるのが第 2 周期であることと一致する．

5.3 水素結合と周期表

電気陰性度
3.0   2.5   4.0
N — H --- N   S — H --- S   F — H --- F

--- 水素結合

カルボン酸（安息香酸）

水素結合

二量体

H$_2$O(3.5) (16族)
HF(4.0) (17族)
NH$_3$ (3.0) (15族)
H$_2$S(2.5)
HCl(3.0)
PH$_3$(2.1)
SiH$_4$(1.8) (14族)
CH$_4$(2.5)
H$_2$Se(2.4)
HBr(2.8)
GeH$_4$(1.8)
H$_2$Te
HI
SbH$_3$
SnH$_4$
AsH$_3$(2.0)

温度/℃
周期

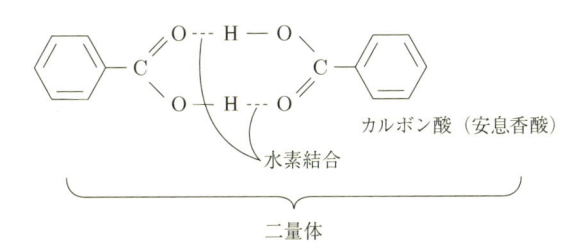

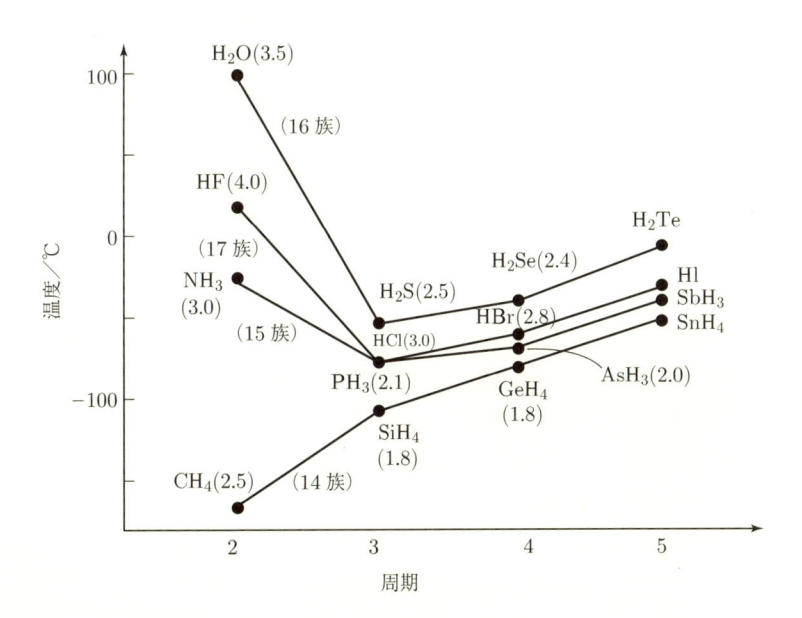

5.4 ファンデルワールス力

　分子間力の中で最もよく知られ，また最も強力なのは水素結合である．しかし，水素結合は正と負の電荷の間に働く静電引力である．分子間力は電気的に中性な分子の間にも働く．このような引力としてよく知られているのが発見者に因んでつけられたファンデルワールス力である．ファンデルワールス力は近距離間でのみ働く力であり，その強さは距離の6乗に反比例することが知られている．

　ファンデルワールス力は3つの要素からできている．

(1) 極性分子–極性分子間の引力

　正と負の電荷の間に働く静電引力であり，イオン結合や水素結合と本質的に同じものである．

(2) 極性分子–中性分子間の引力

　電子雲はその名前の通り柔らかく変形しやすい．そのため，電子雲の近くに電荷が来ると，その影響を受けて電子雲は変形する．その結果，元々は電気的に中性な分子に正と負の電荷が生じる．これを誘起電荷という．この誘起電荷と，その原因となった電荷の間には静電引力が働くことになる．

(3) 中性分子–中性分子間の引力

　原子を例としてみてみよう．雲のように軟らかい電子雲は，常に揺らいで変形している．この揺らいだ瞬間には電子雲の中心(負電荷の中心)と原子核(正電荷の中心)の間に位置的なズレが生じ，原子に瞬間的に正と負の部分が生じる．すると，この電荷に触発されて近くの原子の電子雲が変形してここでも誘起電荷が生じる．

　この結果，2つの原子の瞬間的な電荷の間には静電引力が生じることになる．これを分散力という．

　分散力は泡のように，生まれては消える瞬間的な引力であるが，物質という分子の集団全体で考えると大きな引力となる．

5.4 ファンデルワールス力

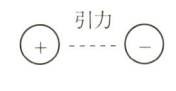

引力
(+)-----(-)
極性分子　極性分子

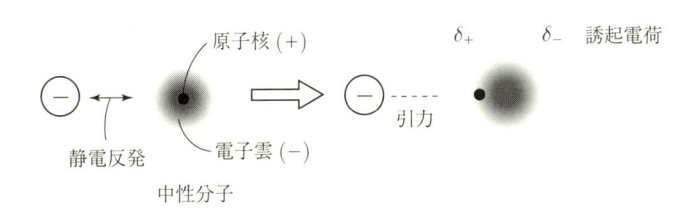

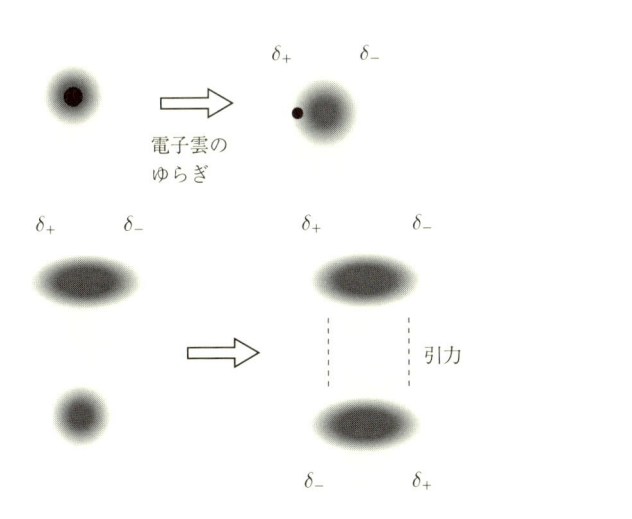

原子核(+)
(−)↔ ● ⇒ (−)-----● δ_+　δ_-　誘起電荷
静電反発　電子雲(−)　　引力
中性分子

δ_+　δ_-
● ⇒ ●
電子雲の
ゆらぎ

δ_+　δ_-　　δ_+　δ_-

⇒　　　　引力

　　　　　　　　　δ_-　δ_+

5.5 その他の分子間力

水素結合,ファンデルワールス力以外の分子間力をみてみよう.

(1) ππスタッキング

ベンゼンなどの芳香族は環状に連なった炭素原子とその外側の水素がつくる円周との二重構造とみることができる.内側の炭素環内はπ電子で一杯なので負に荷電し,外側の水素原子の環は正に荷電する.

このように,円周状に分離した電荷をもつ分子間に働く静電引力がππスタッキングである.ππスタッキングには,平行な分子間に働くものと,直交した分子間に働くものがあり,後者は特にT型スタッキングとよばれることもある.図に示すベンゼン結晶では,T型スタッキングが働いている.

(2) 疎水性相互作用

油分子は水と接するのを嫌がる.そのため,水に油を加えると油分子は一様には溶けず,小さな油滴になって散らばる.図は油滴とそれを取り巻く水分子を模式的に示すものである.油分子が水との接触を避けるためには,油分子が固まって集団をつくるのが効率的である.集団の外側の油分子は犠牲になって水と接触するが,その内側の油分子は水に接触しないですむ.

この結果,油滴の内側にある油分子には外側から押す力が働く.この力を疎水性相互作用という.いわば,満員電車のオシクラマンジュウ的な力である.

(3) 電荷移動相互作用

分子には電子を放出して陽イオンになりやすいもの(電子供与体,electron donar, D)と,反対に電子を受け入れて陰イオンになりやすいもの(電子受容体,electron acceptor, A)がある.

このような分子が出会うと,DからAに電子移動が起きてD^+とA^-になる.そして,この結果,両者の間に静電引力が働くことになる.これを電荷移動相互作用という.

5.5 その他の分子間力

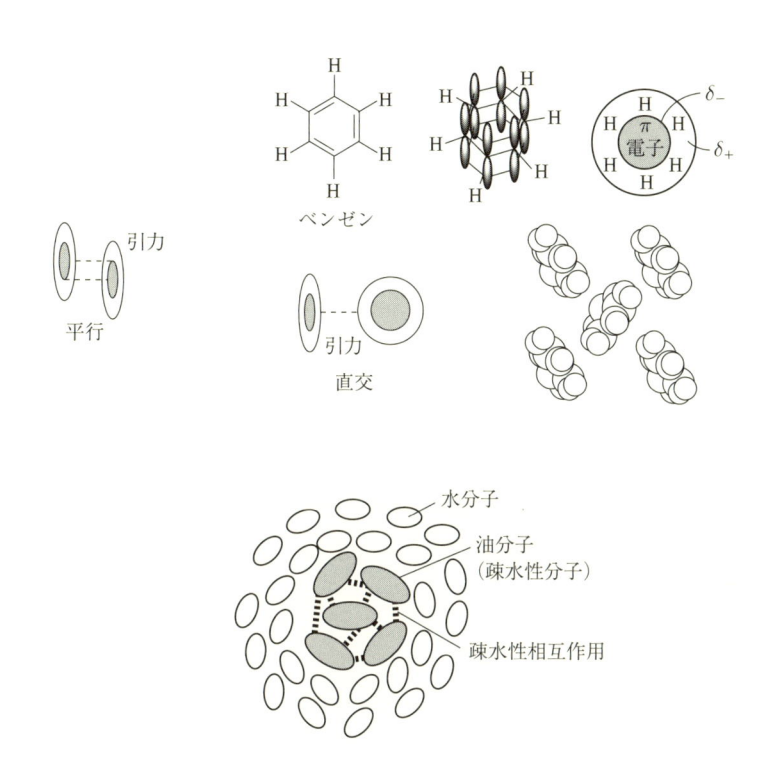

ベンゼン

平行　引力

直交　引力

水分子
油分子（疎水性分子）
疎水性相互作用

TTF(D) →(e⁻ 電子移動)→ TCNQ(A)

{ (D⁺) δ+ / (A⁻) δ- } 電荷移動錯体

6. 非局在二重結合

非局在二重結合とは共役二重結合ともいい，二重結合と一重結合とが1つ置きに並んだ結合であり，ブタジエンやベンゼンがその典型である．

6.1 ブタジエンと非局在二重結合

ブタジエンは共役二重結合をもつ分子の中で最も基本的なものである．

(1) ブタジエンの構造式

ブタジエン C_4H_6 は構造式 A の通り，2個の二重結合が一重結合で連結された系である．すなわち，C_1-C_2，C_3-C_4 間の2か所が π 結合をもつ二重結合であり，その間の C_2-C_3 間が一重結合である．4個の炭素原子はすべて sp^2 混成で，すべての炭素が p 軌道をもっている．

このように，系を構成するすべての炭素が p 軌道をもっていることが，共役二重結合構成のための絶対条件である．

(2) ブタジエンの π 結合

図はブタジエンの p 軌道部分だけを取り出したものである．4個の p 軌道が平行に並んでいる．したがって，これらの p 軌道は互いに接しており，互いの間には π 結合が形成されている．すなわち，ブタジエンの π 結合は C_1-C_2，C_3-C_4 間だけでなく，C_2-C_3 間にも存在する．

構造式 B は，この事情を表したものであり，C_1-C_2，C_3-C_4 間だけでなく，すべての炭素間に二重結合があるものとしている．

(3) 2つの構造式

構造式 B における各炭素の価標の本数を数えてみよう．C_1 は C_2 との σ 結合で1本，C-H σ 結合で2本，C_2 との π 結合で1本の合計4本である．それでは C_2 はどうだろうか．両隣の C-C σ 結合で2本，C-H σ 結合で1本，両隣の π 結合で2本の合計5本である．

炭素の価標は4本であり，C_2 の5本の価標は不合理である．一方，構造式 A は π 結合に関して不合理である．A, B のどちらも不合理である．

6.1 ブタジエンと非局在二重結合

1,3-ブタジエン

構造式 A

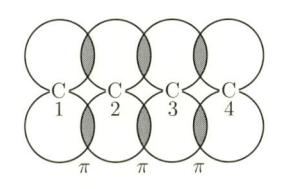

$H_2C_1 = CH_2 - CH_3 = CH_{2\ 4}$　π が不正確
（2, 3 間の π がない）

構造式 B

$H_2C_1 = CH_2 = CH_3 = CH_{2\ 4}$　手の数が不正確
（C_2, C_3 が 5 本）

6.2 局在 π 結合と非局在 π 結合

共役系全体に広がった π 結合を非局在 π 結合という．

（1） 非局在 π 結合

ブタジエンの π 結合は，C_1-C_2，C_3-C_4 間だけに局部的に存在するのではなく，C_2-C_3 間にも存在する．すなわち，共役系全体に広がっている．このような π 結合を特に非局在 π 結合という．それに対して，エチレンの π 結合のように，2 個の炭素間に限定されたものを局在 π 結合とよぶ．非局在二重結合は，非局在 π 結合をもった結合のことである．

（2） 非局在 π 結合の強度

表はブタジエンの π 結合とエチレンの π 結合と比較したものである．エチレンでは，1 本の π 結合をつくるのに 2 個の p 軌道を使っている．ところが，ブタジエンではわずか 4 個の p 軌道で 3 本の π 結合をつくっている．これは原料不足であり，橋ならばコンクリート不足の手抜き工事である．

1 本の π 結合をつくるのに使われる p 軌道の個数を比べると，ブタジエンはエチレンの 2/3 である．π 結合の強度もそのようなものであろう．ベンゼン C_6H_6 では，6 個の p 軌道で 6 本の π 結合をつくっている．π 結合 1 本あたり 2 個の p 軌道であり，これはエチレンの半分である．

（3） 一重結合と二重結合の中間

図は，ブタジエンの結合を構成する σ 結合と π 結合の本数を表したものである．σ 結合は各 C-C 間に 1 本ずつある．しかし，π 結合は 2/3 本ずつしかない．したがって，合わせると 5/3 重結合，つまり約 1.7 重結合である．このような数字を結合次数という．

非局在二重結合では，一重結合は一重結合ではなく，幾分は二重結合性を帯びている．同様に，二重結合も完全な二重結合ではなく，幾分は一重結合性を帯びている．このような事情を理解したうえで，構造式としては前節の構造式 A を採用することが化学の約束である．

6.2 局在π結合と非局在π結合

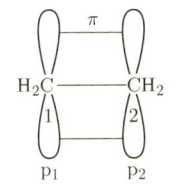

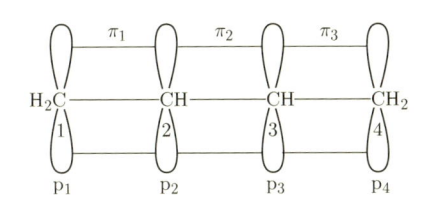

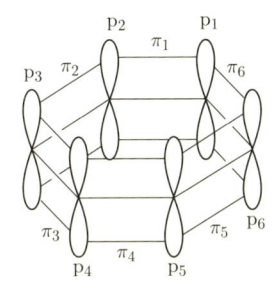

	エチレン	ブタジエン	ベンゼン
p軌道	2	4	6
π結合	1	3	6
p軌道／π結合	2	$\frac{4}{3}$	1
強度（結合次数）	1	$\frac{2}{3}$	$\frac{1}{2}$
種類	局在π結合	非局在π結合（共役二重結合）

$$H_2C \overset{\delta}{-} CH \overset{\delta}{-} CH \overset{\delta}{-} CH_2$$
$\frac{2\pi}{3}$　$\frac{2\pi}{3}$　$\frac{2\pi}{3}$
1.7重結合　1.7重結合　1.7重結合

6.3 奇数系の非局在二重結合

ブタジエンの炭素数は 4 個であり，ベンゼンは 6 個である．しかし，非局在系の炭素の個数は偶数とは限らない．奇数個の系もある．

(1) 炭素数 3 個の非局在系

3 個の炭素からなるプロペン $CH_2=CH-CH_3$ は，二重結合を構成する C_1, C_2 は sp^2 混成であるが，メチル基を構成する C_3 は sp^3 混成である．

メチル基から水素原子 1 個を除いてみよう．C_3 は水素が外れた途端に混成状態を変え，sp^2 混成に変化する．すなわち，3 個の炭素がすべて sp^2 混成になる．このような分子種をアリルという．

図はアリルの炭素部分だけを表したものである．ブタジエンの場合と同様に，3 個の sp^2 混成炭素上に p 軌道が並び，互いの間に π 結合が生成している．すなわち，アリルでは，C_1 から C_3 まで，分子全体に広がる非局在 π 結合が存在している．

このように，アリルは炭素数は 3 個という奇数であるが，ブタジエンと同じように共役化合物である．

(2) アリルの π 電子数

プロペンから水素を除くにはいくつかの方法がある．それに応じてアリルはラジカルやイオンとなる．

◆ アリルラジカル

水素を原子 H· として除いてみよう．この場合，前にみたメチルラジカルの場合と同様に，アリルの C_3 炭素にラジカル電子が残ることになる．したがって，アリルラジカルの π 結合に存在する電子 (π 電子) 数は，3 個になる．

◆ アリル陰イオン

水素が陽イオン H^+ として外れたら，C_3 上には 2 個の結合電子が残るので π 電子数は合計 4 個となり，アリル陰イオンとなる．

◆ アリル陽イオン

水素が陰イオン H^- として外れたら，アリル部分の π 電子数は 2 個となり，アリル陽イオンとなる．

6.3 奇数系の非局在二重結合

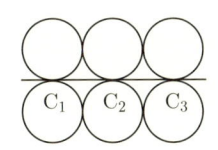

プロペン　　　　　　　　　　　　アリルラジカル

$H_2C = CH - CH_3$
- $-H·$ → $H_2C = \dot{C}H = CH_2$　アリルラジカル (3π)
- $-H^+$ → $H_2C = \bar{C}H = CH_2$　アリル陰イオン (4π)
- $-H^-$ → $H_2C = \overset{+}{C}H = CH_2$　アリル陽イオン (2π)

6.4 偶数系の環状非局在系

　共役二重結合からできた環状化合物を環状共役化合物という．芳香族はその一種である．環状共役系にも炭素数が偶数の偶数環状共役系と，炭素数が奇数の奇数環状共役系が存在する．環状共役化合物は芳香族化合物の母体ともいうべき存在であり，その構造と物性に関しては後の章で詳しくみることにする．

(1) シクロブタジエン

　偶数個の炭素からなる環状共役化合物で，炭素数が最小のものはシクロブタジエンである．シクロブタジエンは4個のsp^2炭素からできており，π電子数は4個である．

　シクロブタジエンは，非常に不安定な化合物であり，単離することは不可能である．この不安定さは，結合角度が90°で大きなひずみエネルギーがあるなどの構造的な理由ではなく，π電子数が4個という電子的な理由によるものである．

(2) シクロヘキサトリエン

　シクロヘキサトリエンは，6個のsp^2混成炭素と3本の二重結合からなる環状共役化合物である．環内に6個のπ電子をもつ平面形の化合物であり，この化合物はベンゼンのことである．ベンゼンは典型的な芳香族化合物であり，特有の安定性と特有の反応性をもつ．

(3) シクロオクタテトラエン

　シクロオクタテトラエンは，8個の炭素と4本の二重結合からできた環状共役化合物であり，すべての炭素はsp^2混成状態である．環内に存在するπ電子数は8個である．

　シクロオクタテトラエンの形はベンゼンのような平面ではなく，折れ曲がった桶形である．そのため，各二重結合はエチレンのように局在二重結合のままであり，互いに共役して非局在化することはない．

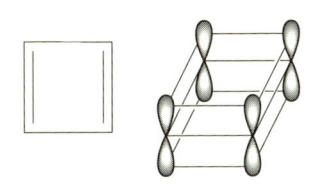

6.4 偶数系の環状非局在系

シクロブタジエン
(平面形)

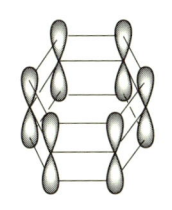

シクロヘキサトリエン(ベンゼン)
(平面形)

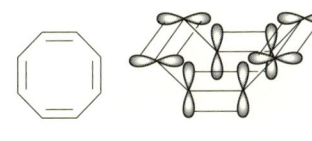

シクロオクタテトラエン
(桶形)

(洋式バスタブ)

6.5 奇数系の環状非局在系

奇数個の sp^2 混成炭素からできた環状共役化合物をみてみよう.

（1）三員環系

奇数個の炭素からなる環状共役系の最小のものはシクロプロペニルである. これはシクロプロペンの sp^3 炭素から水素がとれたものであり, 3個の炭素からなる直鎖共役系のアリルに相当する環状共役系である.

◆ 結合状態

シクロプロペンは3個の炭素からできており, C_3 だけが sp^3 混成である. しかし, アリルの場合と同様に, C_3 から水素原子 H· が外れると, C_3 炭素は編成替えして sp^2 混成となる. この結果, 3個の炭素上に p 軌道が並ぶことになり, すべての p 軌道の間に π 結合が生成することになる. これをシクロプロペニルラジカルという.

◆ π 電子数

上の例では水素 H をラジカル (原子) H· として除いたので, 残りのシクロプロペニル部分にラジカル電子が残ってシクロプロペニルラジカルとなり, 3π 電子系となる.

もし H が H^+, H^- などのイオンとして外れれば, それぞれシクロプロペニル陰イオン (4π系), 陽イオン (2π系) となることは, 前にみたアリルの場合と同様である.

（2）五員環系, 七員環系

五員環化合物のシクロペンタジエン, 七員環化合物のシクロヘプタトリエンから水素が外れたら, それぞれ, 五員環共役系のシクロペンタジエニル, 七員環共役系のシクロヘプタトリエニルという奇数員環共役化合物を生じる.

シクロプロペニルと同様, 水素がどのような形で外れるかによって, π 電子数が異なってくる.

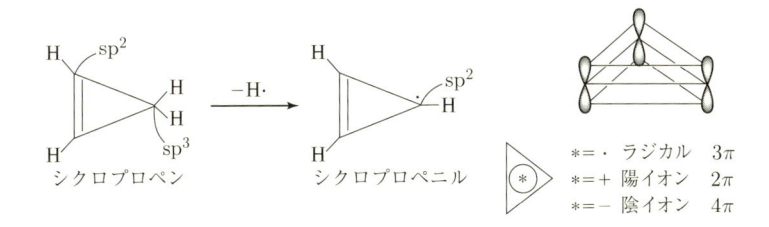

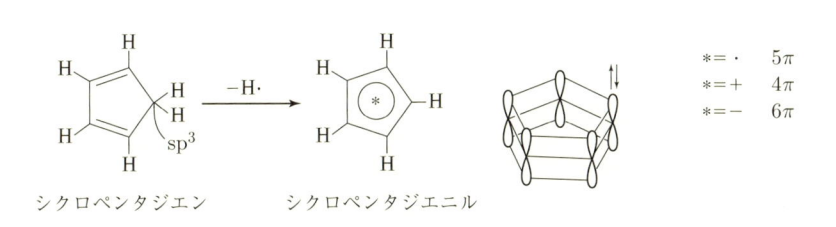

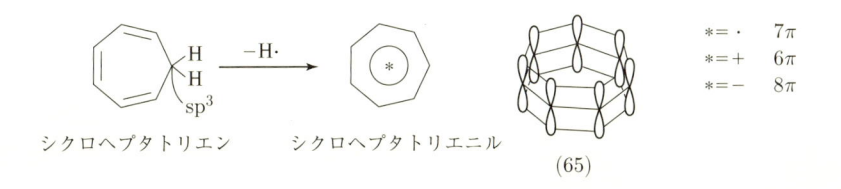

6.5 奇数系の環状非局在系

シクロプロペン　→(−H・)　シクロプロペニル

*=・ ラジカル　3π
*=+ 陽イオン　2π
*=− 陰イオン　4π

シクロペンタジエン　→(−H・)　シクロペンタジエニル

*=・　5π
*=+　4π
*=−　6π

シクロヘプタトリエン　→(−H・)　シクロヘプタトリエニル
(65)

*=・　7π
*=+　6π
*=−　8π

6.6 非局在系の性質

鎖状形，環状形にかかわらず，非局在二重結合には特有の性質がある．

(1) 安定性

ブタジエンの結合は非局在二重結合である．なぜブタジエンは非局在型になっているのだろう．もし，C_2-C_3間の結合距離を大きくしたら，この間のp軌道は接触できなくなり，π結合は生成できなくなる．この場合には，ブタジエンの結合は2個の局在π結合と，それを結ぶ一重結合からなる系となる．このような系を局在型という．

ブタジエンが非局在型をとるのは，非局在型の方が局在型より低エネルギーで安定だからである．一般に，非局在型と局在型を比べると，非局在型の方が安定である．そのため，分子はできるだけ非局在型となるよう，さらには非局在系を広げるように構造を変化する傾向がある．

(2) 結合次数

2個の原子間にπ結合が何本あるかを示した指標をπ結合次数，あるは単に結合次数pという．エチレンの炭素間にあるπ結合は1本なので，この間の結合次数は1である．それに対して，ブタジエンの場合には，各結合におけるπ結合は2/3本であるから，結合次数は0.66になる．同様に，ベンゼンの結合次数は0.5である．

(3) 電子密度

π電子がどの炭素上に存在するかを表した指標をπ電子密度，あるいは電子密度qという．エチレンの2個のπ電子は形式的に両方の炭素に1個ずつ存在すると考えられるので，各炭素の電子密度は1である．

ブタジエンの場合にも同様で，電子密度はすべての炭素で1である．ブタジエンに電子1個を加えて，陰イオンにした場合には，合計5個の電子が4個の炭素上に散らばることになるので，電子密度は5/4となる．

中性の炭素は1個のπ電子をもつので，ブタジエン陰イオンの炭素は1/4個だけ電子が余分になり，その結果-1/4に荷電することになる．これを電荷分布という．

6.6 非局在系の性質

等間隔　　　安定　　　離れている

非局在型　　　　　　　局在型

$$H_2C \underset{p=\frac{2}{3}}{\overset{\frac{2\pi}{3}}{-}} CH \underset{p=\frac{2}{3}}{\overset{\frac{2\pi}{3}}{-}} CH \underset{p=\frac{2}{3}}{\overset{\frac{2\pi}{3}}{-}} CH_2$$

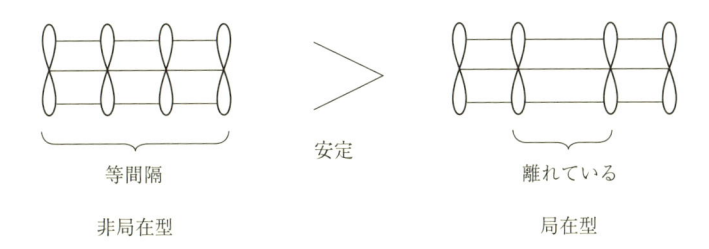

ベンゼン：$p=\frac{1}{2}$, $p=\frac{1}{2}$

$$H_2C = CH_2 \quad p=1$$

π電子

$$H_2\dot{C} - \dot{C}H \quad q=1,\ q=1$$

$$H_2\dot{C} = \dot{C}H - \dot{C}H = \dot{C}H_2 \quad q=1$$

3個のπ電子
$$(H_2C - CH_2)^- \quad q=1.5,\ q=1.5$$

5個のπ電子
$$(H_2C - CH - CH - CH_2)^- \quad \text{すべて } q=\frac{5}{4}$$

6.7 非局在系の条件

共役系が成立するためには，満たさなければならない条件がある．

（1） p 軌道の連続

共役系は，p 軌道が連続した系のことである．p 軌道が連続するためには，sp^2 混成炭素が連続しなければならない．その連続が中断したら，共役系も終了である．共役系を中断するのは sp^3 混成炭素である．

炭化水素 A では系を構成する全原子が sp^2 混成炭素である．その結果，分子全体にわたって共役系が広がっている．それに対して，炭化水素 B では，C-C 結合の途中の炭素が sp^3 混成となっている．sp^3 混成炭素は p 軌道をもっていない．そのため，共役系はこの sp^3 炭素で中断される．

（2） p 軌道の平行関係

π 結合は互いに平行な 2 個の p 軌道の間に構成される結合である．2 個の p 軌道が平行ならば完全な π 結合が形成されるが，直角ならば π 結合は切断される．それでは 45°の場合はどうなるであろうか．

◆ p 軌道間角度と π 結合強度

2 個の p 軌道間の角度 θ と，その間の π 重なりの大きさを図に示す．π 重なりの大きさは $\sin\theta$ に比例することがわかる．

複雑な有機分子では，立体的な理由で 2 個の p 軌道が平行になれない場合がある．ビフェニルでは，両方のベンゼン環が共平面になれば，両環に広がる非局在 π 結合ができる．しかし，両環のオルト位の水素 (ペリ水素) が空間的に衝突するため共平面になることができず，ねじれてしまう．しかし，90°にまでねじれるわけではないので多少の共役性は残る．

◆ 分子の平面性と物性

ビフェニルに適当な個数の塩素が置換したものが公害で問題になる PCB である．PCB の平面性が大きくなると毒性が強くなることが知られている．共役関係の強弱と毒性の間の関係を示唆するものである．

6.7 非局在系の条件

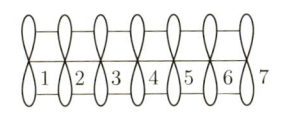

非局在系

炭化水素 A

局在系　非局在系

炭化水素 B

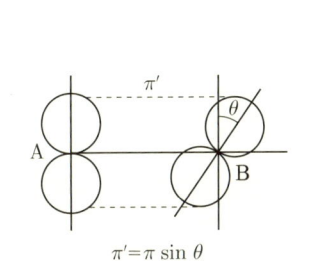

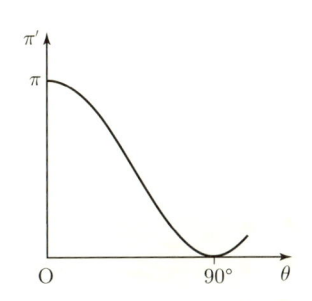

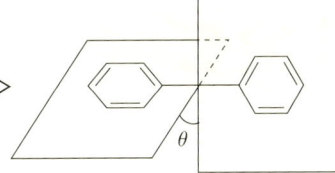

$\pi' = \pi \sin\theta$

立体反発

ねじれる

$0 < \theta < 90°$

PCB
$1 \leq m+n \leq 10$

共平面 PCB（強毒性）
$1 \leq m+n \leq 8$

7. 置換基の結合

　置換基の結合には複雑なものがある．いくつかの官能基の結合をみてみよう．

7.1　カルボニル基: C=O の結合

　置換基には，カルボニル基 C=O，ホルミル基 CH=O，カルボキシル基 COOH，ニトロ基 NO_2，アミド基 $CONH_2$ など，炭素，水素以外の原子 (ヘテロ原子) の関与した二重結合をもつものが多い．そこで，置換基個々の結合をみる前に，ヘテロ原子の関与した二重結合の様子をみておくことにしよう．

（1）炭素の混成状態

　ケトン R_2C=O を形成する C=O 二重結合は，カルボニル基といい，有機化合物において重要な結合である．

　カルボニル基の結合状態には 2 通りの説明がある．すなわち，酸素が sp^2 混成になっているものと，混成していない基底状態のままのものである．この 2 説はどちらが正しくて，どちらが間違っているというものではない．条件に応じて，どちらかを選べばよい．

　まず，sp^2 混成したものとして考えてみよう．

（2）C=O 二重結合: sp^2 混成軌道モデル

　sp^2 混成状態の酸素の電子配置は図の通りである．すなわち，3 個の混成軌道のうち 2 個には電子対が入る．したがって，不対電子が入って共有結合をつくることのできる軌道は，1 個の sp^2 混成軌道と 1 個の p 軌道である．つまり，sp^2 混成軌道が C-Oσ 結合をつくり，p_z 軌道が π 結合をつくって，C=O 二重結合を形成することになる．

　図はこの結合の様子を示している．この構造の特徴は，非共有電子対が 2 個の sp^2 混成軌道に入っていること，すなわち，非共有電子対が分子面にあるということである．

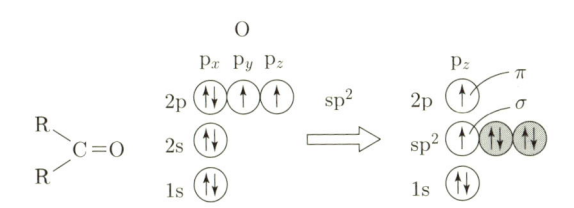

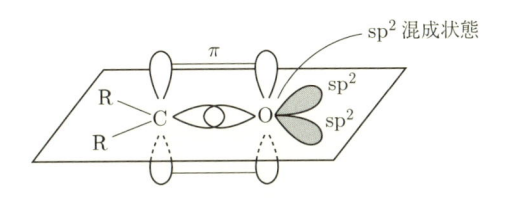

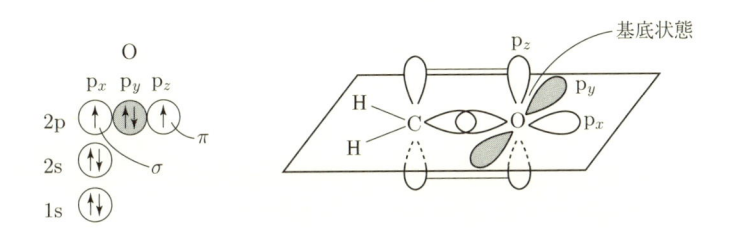

7.1 カルボニル基: C=O の結合

	元素混成が ない場合	元素混成が ある場合
p軌道	 ∞	 ∞ X
混成軌道	 ◯	 ◯ X

軌道の凡例

7.2 イミノ基: C=N，ニトリル基: C≡N の結合

酸素と同様に，窒素も炭素とともに二重結合，三重結合をつくる．

(1) C=O 二重結合: 基底状態モデル

酸素は，混成しない状態，すなわち基底状態のままでも C=O 二重結合をつくることができる．基底状態の酸素では，2組の非共有電子対は 2s 軌道と p_y 軌道に入っている．したがって，酸素は p_x 軌道で C-O σ 結合をつくり，p_z 軌道で π 結合をつくる．この構造では非共有電子対が互いに異なった軌道，すなわち p_y 軌道と 2s 軌道に入ることになる．

C=O 二重結合の 2 つのモデル，すなわち sp^2 混成軌道モデルと基底状態モデルは，どちらも存在する．というより，どちらで考えてもよい．カルボニル基の熱反応や金属反応を解析するときは，sp^2 混成軌道モデルを使うと説明しやすいことが多い．一方，基底状態モデルは光反応を説明するのに用いられることが多い．

(2) イミノ基: C=N 二重結合

XYC=NH のように，C=N 二重結合をもつ化合物をイミンという．C=N 二重結合を形成する窒素は sp^2 混成状態であり，その電子配置は図に示す通りである．

不対電子の入る軌道は 2 個の混成軌道と p_z 軌道である．したがって，1 個の混成軌道で N-C 結合，もう 1 個の混成軌道で N-H 結合をつくり，p_z 軌道で π 結合をつくる．

この結果，N についた H と，C についた 2 つの置換基 X, Y との位置関係で，2 種類の異性体が生成する．このような異性をシン-アンチ異性という．C=C 二重結合のシス-トランス異性に相当するものである．

(3) ニトリル基: C≡N 三重結合

C≡N のように，C≡N 三重結合をもつ化合物をニトリル化合物という．C≡N 三重結合の窒素原子は sp 混成であり，共有電子対は混成軌道の 1 個に入る．したがって，結合状態は図のようになる．すなわち，非共有電子対は分子直線の延長上にある．

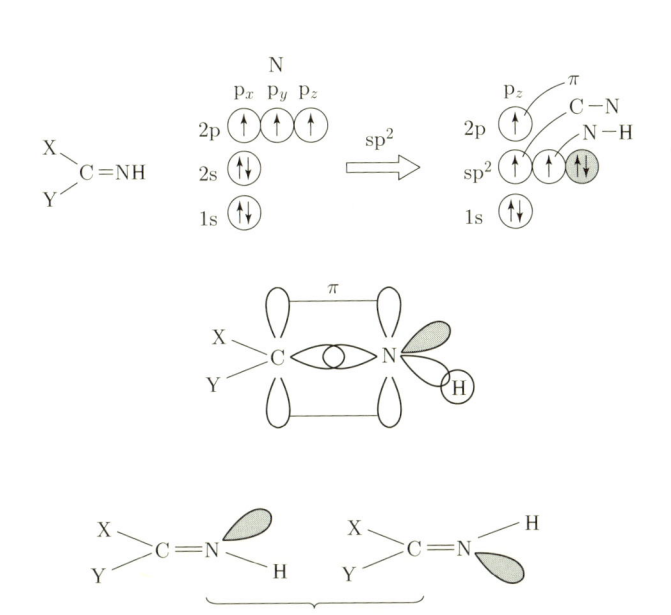

7.2 イミノ基: C=N, ニトリル基: C≡N の結合

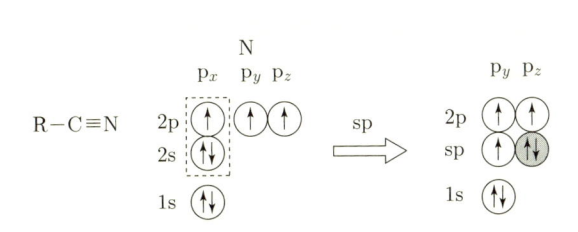

シン-アンチ異性

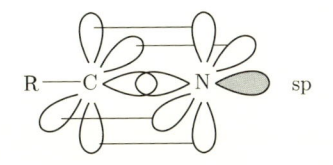

7.3　ヒドロキシ基: OH，アミノ基: NH$_2$ の結合

　一重結合のヘテロ原子をもつ置換基として重要なものに，ヒドロキシ基 OH とアミノ基 NH$_2$ がある．

(1)　ヒドロキシ基の結合

　ヒドロキシ基 OH の結合は水の OH と同じであり，酸素は sp^3 混成で，2 個の混成軌道には非共有電子対が入る．しかし，酸素の混成状態は，ヒドロキシ基の結合する相手によって変化することがある．それについては次節で詳しくみることにしよう．

　ヒドロキシ基をもつものはアルコールとよばれる．後にみるフェノールやカルボキシル基の OH 原子団と異なり，アルコールのヒドロキシ基は水素陽イオン H$^+$ を放出しないので，アルコールは酸性でなく中性である．

　ヒドロキシ基をもつ化合物は水と同じように水素結合で集合し(会合)，クラスターをつくる．

(2)　エーテルの結合

　エーテル R-O-R は，水 H-O-H の H の代わりに炭化水素基 R が結合したものである．その結合状態は水と同じであり，酸素は sp^3 混成で，2 個の混成軌道上に非共有電子対をもつ．

(3)　アミノ基の結合

　アミノ基 NH$_2$ をもつ化合物 R-NH$_2$ は，アンモニア NH$_3$ の 1 個の H を有機物原子団 R で置き換えたものであり，その結合はアンモニアと同様に考えることができる．したがって，窒素は基本的に sp^3 混成であり，4 個の混成軌道の 1 つには非共有電子対が入る．この非共有電子対に H$^+$ が配位結合することが，アミンの塩基性の原因である．すなわち，ブレンステッドの定義によれば，H$^+$ を受け取ることができるものが塩基である．

　アルコールの場合と同様，アミノ基の窒素の混成状態は分子の他の部分の構造に応じて変化することがある．

7.3 ヒドロキシ基: OH, アミノ基: NH_2 の結合

R—O—H
ヒドロキシ基

アルコール

R—O (sp³混成) —H 非共有電子対

R—O—H ⟶✗⟶ R—O⁻ + H⁺
アルコール（中性）

R—O—R
sp³混成

エーテル

R—N(H)(H)
アミノ基

アミン

R—N—H, H 非共有電子対, sp³混成

7.4 フェノール性ヒドロキシ基の結合

ヒドロキシ基OHがアルキル基に結合したアルコールでは，OHはH^+を放出しないので中性化合物である．しかし，ヒドロキシ基がベンゼンに結合したフェノールでは，OH基はH^+を放出するので酸性である．

（1） フェノールの構造

違いの原因は両者におけるOHの結合状態にある．アルコールの酸素はsp^3混成であるが，フェノールの酸素は混成をしない基底状態である．すなわち，不対電子の入った2個のp軌道でC-O，O-Hσ結合をつくり，非共有電子対の入ったp軌道でベンゼン環のπ系と共役する．

この結果，フェノールはベンゼン環の共役系を酸素にまで広げることによって，安定化したことになる．

（2） 電子密度

酸素とベンゼン環の共役は，酸素の非共有電子対の2個の電子がベンゼン環に流れ出すことを意味する．すなわち，共役の結果，ベンゼンの6個の炭素原子と酸素原子，合わせて7個の原子上に合計8個のπ電子が散らばることになる．つまり各原子上のπ電子は8/7個となる．したがって，これは酸素にとっては6/7個の電子が減ったことを意味し，+6/7に荷電したことになる．

電子不足になった酸素はそれを補うため，OH結合の結合電子雲を自分の方に引き寄せる．その結果，O-H結合電子雲はOの方に偏り，Hを十分に繋ぎとめるだけの電子がなくなるので，HはH^+として外れやすくなる．

（3） アルコールの中性とフェノールの酸性

アルコールとフェノールの酸性の違いの原因は，残った陰イオンの安定性にもある．アルコールがH^+を放出した後の陰イオンは$R-O^-$であり，負電荷は酸素原子上に局在している．

しかし，フェノールでは酸素原子上の負電荷を共役を通じて分子全体に分散させて安定化することができる．

7.4 フェノール性ヒドロキシ基の結合

フェノール（酸性）

2p, 2s, 1s … O—Hσ, C—Oσ, 共役系

電子の流れ

δ_- δ_+
弱くなる

$-H^+$

基底状態

7.5　カルボキシル基: COOH の結合

カルボキシル基 COOH の最大の特徴は，酸性であって H^+ を放出することができるということである．

(1)　カルボキシル基の結合

カルボキシル基は，カルボニル基 C=O とヒドロキシ基 OH からなる複合基である．C=O 部分は，基底状態の酸素を用いた二重結合であり，OH 部分の酸素もフェノールと同様に，基底状態である．

図はカルボキシル基の結合状態である．C=O 部分の π 結合と OH 部分の酸素の p 軌道が共役して安定化していることがわかる．

(2)　カルボキシル基の電子密度

OH の酸素の p 軌道には，非共有電子対の 2 個の電子が入っている．共役の結果，O-C-O の 3 原子上に 4 個の π 電子が入ることになり，各原子上の電子密度は形式的に 4/3 となる．これはカルボニル基の炭素と酸素は，それぞれ 1/3 個の電子を得て $-1/3$ に荷電したことを意味する．一方，元々は 2 個の電子をもっているヒドロキシ基の酸素は，電子を失って $+2/3$ に荷電したことを意味する．

したがって，フェノールの場合と同様に，OH 結合の結合電子が酸素に引き寄せられるので OH 結合が弱くなり，H が H^+ として脱離しやすくなる．

(3)　カルボキシル陰イオンの結合

カルボキシル基から H^+ が外れた後の結合状態は図の通りである．すなわち，H^+ が外れることにより，ヒドロキシ酸素上に残った -1 価の電荷が共役によって生じた $+2/3$ の荷電を中和して $-1/3$ になる．よって，2 個の酸素原子は平等に $-1/3$ に荷電し，結果的に負電荷を O-C-O の 3 原子が平等に担ぐことになる．

したがって，共役系生成のおかげで，酸素原子上の負電荷が 3 原子上に分散することができ，系の安定化につながるのである．

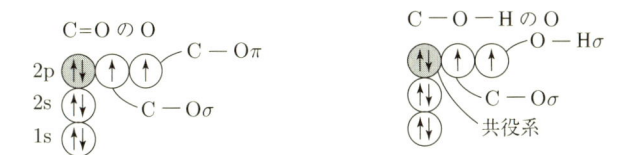

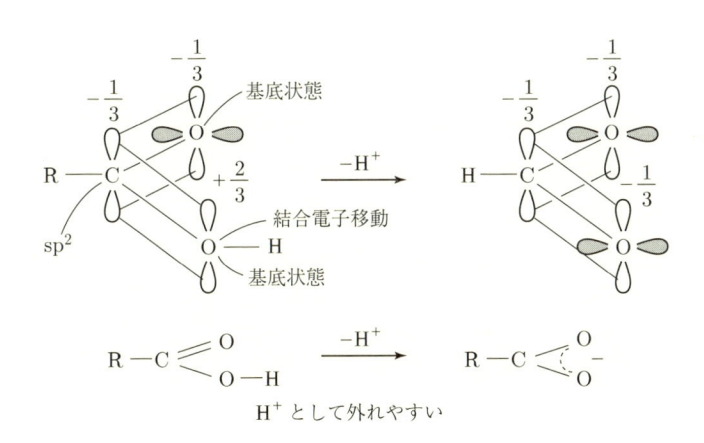

7.5 カルボキシル基: COOH の結合

7.6 アミド基: $CONH_2$, ニトロ基: NO_2 の結合

アミド基とニトロ基は窒素を含む置換基で, 複雑な結合状態をもつ.

(1) アミド基の結合

アミド基は, カルボニル基 C=O とヒドロキシ基 OH からできた複合基である. 前のところで, アミノ基の窒素は sp^3 混成として紹介したが, アミド基を構成する場合には sp^2 混成となっている. 電子配置は図に示す通りであり, 非共有電子対は p 軌道に入る.

結合は図の通りである. すなわち, カルボキシル基の場合と同様に, O-C-N という 3 原子上に 3 個の p 軌道が並んで共役系を構成する. この 3 原子上に 4 個の電子が分散することによって, 分子に極性が生じる.

(2) 結合回転

アミド基の C-N 結合は, 共役形成によって二重結合性を帯びた結果, 結合回転ができない. そのため, 前にみたイミンの場合と同様に, 窒素上の置換基 X とカルボニル基の位置関係によって, 2 つの異性体 A, B が生じることになる.

しかし, この異性体のエネルギー差は小さいので, 前にみた配座異性の場合と同様に, 一般に A と B を分離することはできない.

(3) ニトロ基の結合

ニトロ基の窒素は sp^2 混成である. 非共有電子対は p 軌道に入っている. 一方, 酸素原子は基底状態であり, 2 個の p 軌道に不対電子をもっている. よって, ニトロ基の O-N-O の 3 原子上には 3 個の p 軌道が並んで非局在系を構成し, 安定化する. そして, π 電子は, 窒素の非共有電子対による 2 個と酸素の 1 個ずつで, 合計 4 個となる.

したがって, カルボキシル基と同じことが起き, 酸素は $-1/3$ に荷電し, 窒素は $+2/3$ に荷電することになる. この様子を形式的に表したのがニトロ基の通常の表示法である. つまり, ニトロ基を構成する 2 個の酸素の間には何も違いがない.

7.6 アミド基: $CONH_2$, ニトロ基: NO_2 の結合

$$R-\overset{\overset{O}{\parallel}}{C}-NR_2$$

C (sp²)　　　O (基底状態)　　　N (sp²)

2p ↑　　　　2p ↑↓ ↑ ↑　　　2p ↑↓
sp² ↑ ↑ ↑　　2s ↑↓　　　　　sp² ↑↓ ↑ ↑
1s ↑↓　　　　1s ↑↓　　　　　1s ↑↓

C–N 結合軸まわりの自由回転阻害

回転不可能
A 型　　　B 型

スペクトル的に分離できるが
各々を単離することは一般にできない

$R-NO_2$ $\left(R-\overset{+}{N}\overset{\nearrow O}{\searrow O^-} \right)$

N (sp²)

2p ↑↓
sp² ↑ ↑ ↑
1s ↑↓

3 原子 (ONO) 上に
4π 電子が存在する

$$R-N\overset{O\ \frac{4}{3}}{\underset{O\ \frac{4}{3}}{\diagdown}}^{\frac{4}{3}}$$

$$R-\overset{\delta_+}{N}\overset{\delta_-}{\underset{\delta_-}{\diagdown O}}$$

7.7 置換基効果: 誘起効果

置換基が分子に与える影響を置換基効果という．置換基効果は，大きく誘起効果と共鳴効果に分けることができる．

(1) 結合分極

誘起効果は原子の電気陰性度に基づく効果であり，おもに σ 結合に現れる．炭素鎖に塩素など電気陰性度の大きい原子が結合すると，C-Cl 結合の結合電子雲は Cl 側に引かれる．この結果，Cl は負に荷電し，反対に C は正に荷電する．これを誘起効果 (inductive effect, I 効果) という．前にみた結合分極のことである．

(2) 加生成

塩素の個数が多くなれば，それだけ効果も大きくなる．図はカルボン酸の酸解離指数 pK_a と Cl の個数の関係である．pH と同様に，pK_a の数値が小さいほど強酸である．Cl の個数が多くなると酸としての強さが増していることがわかる．

(3) 減衰性

誘起効果によって C_1 が正になると，隣の C_2 の電子が C_1 に引かれて C_2 も正になる．同様に，C_3 も正になる，という具合に誘起効果は次々と炭素鎖を伝播していく．しかし，その効果はだんだん小さくなり，σ 結合 1 本を介するごとに効果は 1/3 になる．

カルボン酸に塩素が結合すると塩素の誘起効果によって OH 結合の電子雲が減少し，H が H^+ として外れやすくなる．そのため，酸の性質が強くなり，pK_a が小さくなる．図は Cl の位置と pK_a の変化である．Cl がカルボキシル基から離れるに従って効果が小さくなることがわかる．

(4) ヘテロ二重結合の誘起効果

電気陰性度の大きい原子が結合電子を引き付けるのは，π 結合の場合も同様である．したがって，C=O 二重結合，C=N 二重結合，C≡N 三重結合では，C が正に荷電し，O や N が負に荷電する．N=O 二重結合では O が負に荷電する．

7.7 置換基効果: 誘起効果

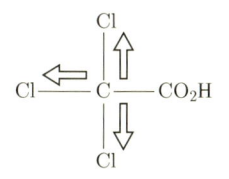

電気陰性度 小 大
C────X ⟹ $C\!\!\!\!\!\!\!\!\overset{\delta_+}{}\!\!\!\!\!\!\!\!\overset{\delta_-}{}$ X

電子雲の偏り: 誘起効果 (I効果)

	pK_a
CO$_3$CO$_2$H	4.76
ClCH$_2$CO$_2$H	2.87
Cl$_2$CHCO$_2$H	1.29
Cl$_3$CCO$_2$H	0.15

C──C──C──C──X
 δ'_+ δ'_+ δ_+ δ_-
  $\frac{1}{9}$ $\frac{1}{3}$ 1

	pK_a
CH$_3$-CH$_2$-CHCl-CO$_2$H	3.85
CH$_3$-CHCl-CH$_2$-CO$_2$H	4.02
CH$_2$Cl-CH$_2$-CH$_2$-CO$_2$H	4.52

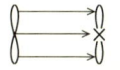

σ結合, π結合を通して電子を引き付ける

R$_3$C-OH	0.74 D	R$_3$C-NH$_2$	0.22 D
R$_2$C=O	2.3 D	R$_2$C≡NH	0.9 D
		RC≡N	3.5 D

7.8 置換基効果：共鳴効果

共鳴効果 (mesomery effect, M 効果) は，π 結合の共役によって現れる効果である．誘起効果では塩素は他の原子から電子を奪ったが，共鳴効果では反対に他の原子に電子を与えることになる．

(1) 二重結合と共鳴効果

炭素でできた共役系に塩素が結合した例をみてみよう．塩素には非共有電子対が入ったp軌道があり，これが炭素系のp軌道と共役する．この結果，Clの非共有電子対は炭素系に流入し，炭素系が負に荷電し，Clが正に荷電する．このような効果を共鳴効果という．

(2) 三重結合と共鳴効果

三重結合には直交した2本のπ結合が存在する．塩素にも直交した2本のp軌道があり，それぞれに非共有電子対が入っている．すなわち，三重結合にClが結合した場合には，Clの2個のp軌道から三重結合のそれぞれのπ結合に電子が送り込まれることになる．したがって，二重結合での共鳴効果が2倍になって起こる．

(3) 誘起効果と共鳴効果の相殺

塩素は誘起効果によって σ 電子を引き付け，共鳴効果によって π 電子を送り込む．すなわち，両効果は逆方向に効いている．

それでは，正味の効果はどうだろうか．それを表しているのが図である．すなわち，σ結合だけの一重結合についた場合には，σ結合に基づく誘起効果しかない．その結果，効果は一方向のみとなり，分極が大きくなって結合モーメントも大きくなっている．

しかし，二重結合の場合には効果が逆向きの共鳴効果が現れ，分極は一部相殺されて小さくなる．三重結合では共鳴効果が2倍に効くので，相殺の効果も大きくなり，分極はほとんど0になっている．

7.8 置換基効果: 共鳴効果

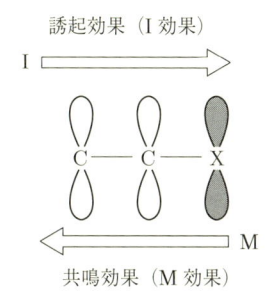

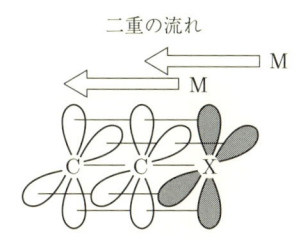

誘起効果（I 効果）

共鳴効果（M 効果）

二重の流れ

		CH_3-CH_2-X	$CH_2=CH-X$	$CH\equiv CH-X$
	Cl	2.05 D	1.44 D	0.44 D
X	Br	2.02 D	1.41 D	0.0 D
	I	1.90 D	1.26 D	
効果		→I	→I ←M	→I ←M ←M

8. 特殊な結合

化合物の中には特殊な結合を使って組み立てられているものもある．そのような化合物の結合をみてみよう．

8.1 アレンの結合

アレン $H_2C=C=CH_2$ の結合の特殊性は，中央の炭素が2本の二重結合をつくっていることである．1個の炭素から2本の二重結合が伸びる結合は特殊なものである．

（1） sp混成軌道による二重結合

二重結合をつくる炭素はp軌道をもっていなければならない．そのため，普通の二重結合をつくる炭素はエチレンのように sp^2 混成状態となる．

ところが，アレンの中央の炭素 C_2 は2個の二重結合をつくっている．そのため，左の二重結合をつくるために1個のp軌道を必要とし，右の二重結合をつくるためにもう1個のp軌道を必要とする．すなわち，2個のp軌道をもたなければならない．このような要求を満たす混成状態はsp混成以外ありえない．

（2） アレンのπ結合

図はアレンの結合状態である．左側のπ結合は中央の炭素の p_z 軌道を使い，右側のπ結合は p_y 軌道を使っている．したがって，π結合は互いに90°ねじれることになる．

この結果，分子の両端にある sp^2 混成の C_1, C_3 も原子全体が互いに90°ねじれる．これは， sp^2 混成軌道の乗る平面，すなわち，水素の乗る平面もまた90°ねじれることを意味する．

このように，1個の炭素が2本の二重結合を形成した結合をクムレン結合という．次節でみる二酸化炭素 $O=C=O$ もクムレンの一種である．

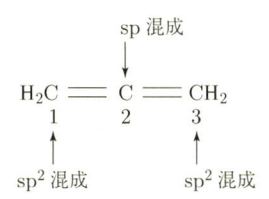

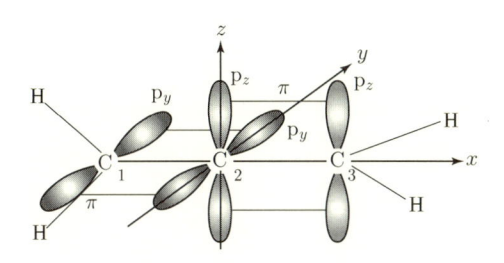

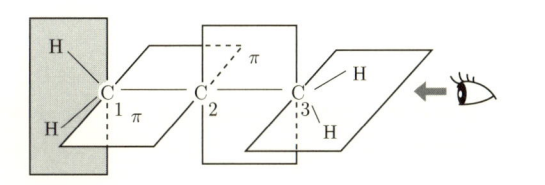

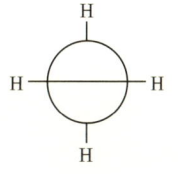

8.1 アレンの結合

$$H_2C \underset{1}{=} \underset{2}{C} = \underset{3}{CH_2}$$

2位: sp 混成
1位, 3位: sp² 混成

8.2 二酸化炭素，一酸化炭素の結合

身近で簡単な構造の化合物が意外と複雑な結合をしていることがある．

(1) 二酸化炭素の結合

二酸化炭素 O=C=O の結合はアレンの結合と同じである．すなわち，中央の炭素は sp 混成であり，左右の 2 本の π 結合は互いに 90°ねじれる．

酸素は基底状態で混成はしていないと考えた方がよい．なぜならば，このように考えると，酸素は 3 個の p 軌道をもつことになり，結合に使った 2 個の p 軌道の他に，非共有電子対の入った 2 個の p 軌道をもつことになる．そして，この p 軌道は炭素の p 軌道と非局在化できる．

これは，前にみたカルボキシル基の非局在二重結合と同じものであり，O-C-O の 3 原子間に広がる非局在 π 結合に 4 個の π 電子が入る．したがって，二酸化炭素は非局在化による安定化を獲得できる．

このように，二酸化炭素は，O-C-O の 3 原子にまたがる非局在 π 結合を 2 本もつことになる．この電子雲が円筒形になるのはアセチレンの場合と同様である．

3 原子にまたがる非局在化によって，両端の酸素の非共有電子対は炭素に流れ込む．この結果，酸素は電子が少なくなって正に荷電し，反対に炭素は負に荷電することになる．

(2) 一酸化炭素の結合

一酸化炭素 C=O の炭素は基底状態である．結合に使うことのできる p 軌道が 2 個あるので，それを使って酸素の 2 個の p 軌道と二重結合を形成する．

残る炭素の p 軌道は空軌道となり，酸素の p 軌道には非共有電子対が入っている．したがって，この 2 軌道の間で配位結合的な π 結合が生成する．この結果，炭素は負に荷電し，酸素は正に荷電する．

一酸化炭素の結合は他の説明も可能であるが，それについては後の章でみることにしよう．

8.2 二酸化炭素，一酸化炭素の結合

$$\overset{\delta_+}{O} = \overset{\delta_-}{C} = \overset{\delta_+}{O}$$

π結合による電荷

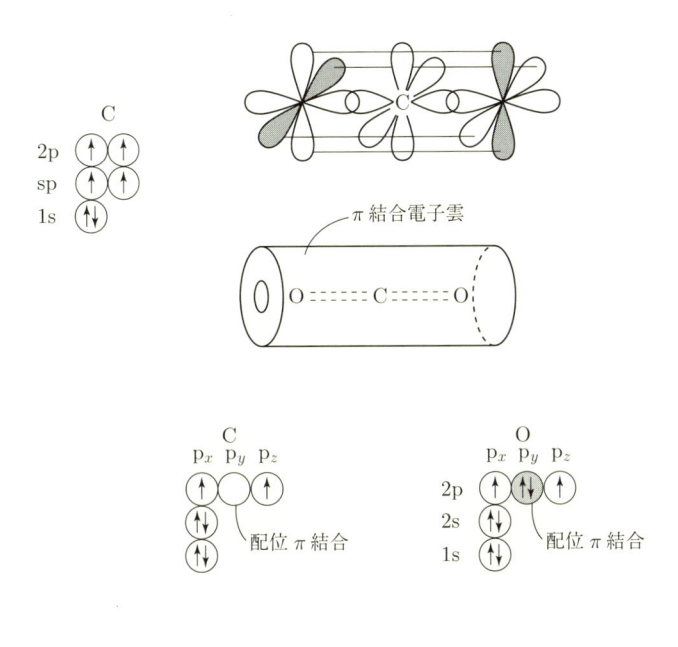

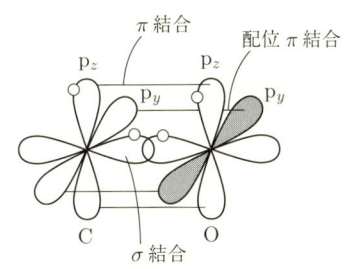

C
2p ↑ ↑
sp ↑ ↑
1s ↑↓

π結合電子雲

C
p_x p_y p_z
↑ ↑
↑↓
↑↓ 配位π結合

O
p_x p_y p_z
2p ↑ ↑↓ ↑
2s ↑↓ 配位π結合
1s ↑↓

π結合　配位π結合
p_z　p_z
　p_y　p_y
C　　　O
σ結合

$$\overset{\delta_-}{C} ≡ \overset{\delta_+}{O}$$

π結合による電荷

8.3 シクロプロパンの結合

シクロプロパンの結合角, ∠CCC は 60°である. ひずみが大きく, 反応性は高いがそれほど不安定でもなく, 天然物の中にも存在する.

（１） sp^3 混成軌道による結合：バナナボンドモデル

シクロプロパンの炭素を sp^3 混成とすると, 混成軌道の角度は 109.5°で, 三角形の内角 60°より大きい. この結果, 電子雲は三角形の辺の外側にはみ出してしまう. しかし, 2個の炭素の混成軌道がまったく重ならないわけではない. つまり, 三角形の辺の上ではなく, 外側で重なる.

図はこのようにしてできたシクロプロパンの結合電子雲であり, バナナに似ているのでバナナボンド (バナナ結合) とよばれる. バナナボンドにおける軌道の重なりは正規の σ 結合より少ない. そのため, バナナボンドからできたシクロプロパンの結合は弱く, 反応性も高いことになる.

このモデルは簡単でありながら, シクロプロパンの反応性をよく説明できるので, 有機化学で用いられることが多い.

（２） sp^2 混成軌道による結合：ウォルシュモデル

このモデルでは, シクロプロパンの炭素は sp^2 混成であると考える. 3個の混成軌道のうち, 2個を使って2個の水素と結合する. すると各炭素には1個の混成軌道と1個のp軌道が残ることになる.

3個の炭素は混成軌道を三角形の中心に向かって突き出し, 3本を重ねて結合する. これは変則的であるが σ 結合の一種と考えることができる. 一方, p 軌道は三角形の面内に入るので, 互いに少しずつ接することができる. これは変則的な π 結合と考えることができる.

このように, シクロプロパン環が擬似 σ 結合と擬似 π 結合とでできていると考えるのがこのモデルの特徴である. このモデルは複雑であるが, シクロプロパンのもつ π 結合と似た性質を説明できるので, 物理化学で用いられることが多い.

この疑似 π 結合が三員環の分子平面に乗っていることは, 後に三員環の共役を考えるうえで重要なことになる.

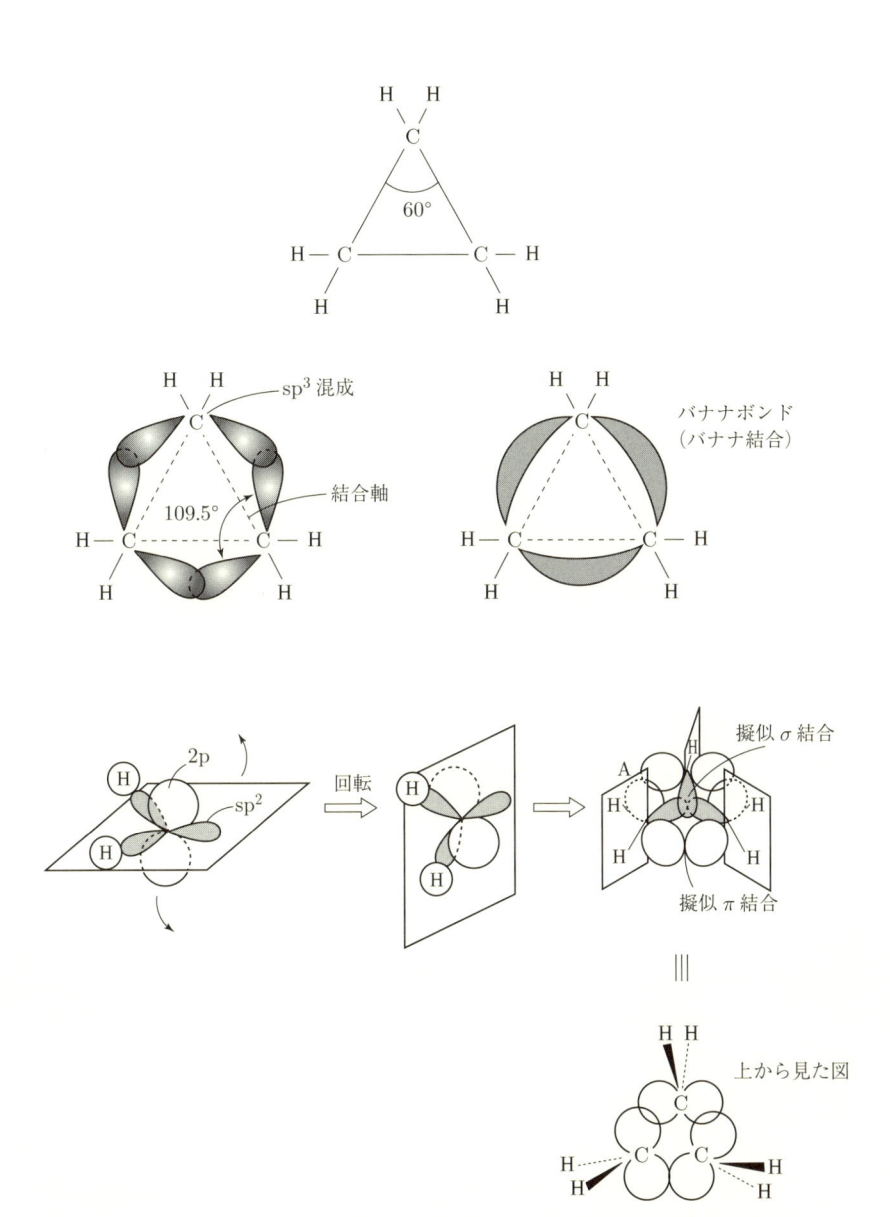

8.3 シクロプロパンの結合

8.4 シクロプロピル共役，ホモ共役の結合

共役二重結合にも特殊なものがある．いくつかの例をみてみよう．

(1) シクロプロピル共役

シクロプロパンは π 結合の性質をもっている．前節でみたように，ウォルシュモデルには擬似 π 結合があり，それはシクロプロパンの分子面にあった．

この擬似 π 結合が，p 軌道として共役系に組み込まれるのがシクロプロピル共役である．したがって，共役系に組み込まれるときの三員環の方向は，三員環が p 軌道に相当するとして組み込まれる．

すなわち，図 A のように，二重結合を構成する p 軌道と三員環の面が平行であれば共役が成立する．しかし，両者が直交した図 B では共役が成立しない．分子のエネルギーは共役した方が安定である．したがって，三員環は他の立体的な事情が許せば，常に図 A の形をとろうとする．

(2) ホモ共役

共役系は途中に sp^3 混成炭素が挿入されることによって切断される．しかし，π 結合が形成されるためには，2 個の p 軌道が平行を保って接すればよいのであり，p 軌道をもつ炭素が直接結合している必要は必ずしもない．

図は，sp^3 炭素で中断された共役系を復帰する方法を示す．すなわち，sp^3 炭素で系を折り曲げるのである．すると両側の二重結合を形成する p 軌道は空間を通して接することができる．したがって，sp^3 混成炭素を"飛ばして"共役系を伸ばすことができる．

この結合は σ 結合を伴わない変則的なものであり，ホモ共役という．

ホモ共役による安定化効果は大きくないので，普通の直鎖状化合物がホモ共役を形成することはないといってよい．しかし，次章でみるホモ芳香族などのように，環状化合物に組み込まれると，実際に起こることになる．

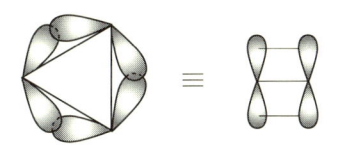

8.4 シクロプロピル共役, ホモ共役の結合

擬似 π 結合
ウォルシュモデル

A
安定

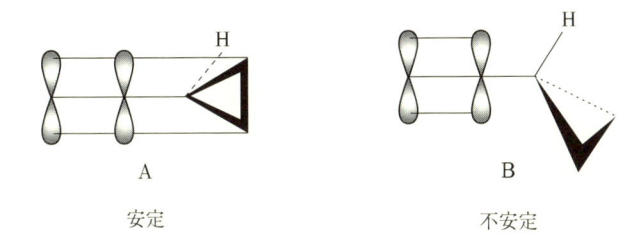

B
不安定

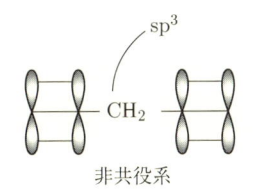

sp³
CH₂
非共役系

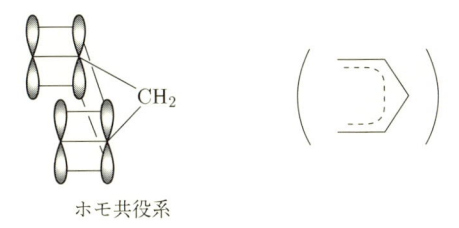

CH₂
ホモ共役系

8.5 ビニルアルコールの結合: 互変異性

一般に，ビニルアルコール $H_2C=CH-OH$ は存在しないと言われている．しかし，実際はもう少し複雑である．

(1) 互変異性

化合物 A はビニルアルコールであり，化合物 B はアセトアルデヒドであり，ともに分子式は C_2H_4O である．A は二重結合 (en) のアルコール (ol) なのでエノール型といわれ，B はケトンの一種なのでケト型といわれる．このように分子式が同じで構造式の異なるものを異性体という．

A のアルコール水素が矢印のように移動すると B になり，B のメチル水素が移動すると A になる．A と B はこのような水素移動を瞬間的に繰り返し続けている．このように，瞬間的に相互変換を繰り返す異性化現象を互変異性という．

(2) 安定性

ただし，エノール型とケト型を比べると，一般にケト型の方が安定である．そのため，ケト-エノール互変異性では，分子はケト型で過ごす時間が圧倒的に長くなる．このような理由から，ビニルアルコールは存在せず，アセトアルデヒドだけが存在すると言われることが多いが，ビニルアルコールも短時間ながら存在している．

しかし，ケト型のアセト酢酸エチルでは，2 個のカルボニル基に挟まれたメチレン (CH_2) の水素の酸性が高く，移動しやすいので，エノール型になりやすく，この化合物ではケト型とエノール型がほぼ 1 : 1 の比で存在する．

特殊な例はフェノールである．これはベンゼン環 (芳香環) に OH が結合したものであるから，二重結合に OH が結合したことになり，エノール型である．ただし，このケト型は図に示すように，ベンゼン環が消失しており，ベンゼン環特有の安定性がない．したがって，この化合物はエノール型であるフェノールとなっている．

8.5 ビニルアルコールの結合: 互変異性

$$\begin{array}{c} \underset{H}{H}\text{C}=\underset{H}{\text{C}}\overset{H}{\diagdown}\text{O} \\ \text{A} \\ \text{エノール型} \\ \text{(不安定)} \end{array} \rightleftarrows \begin{array}{c} H-\underset{H}{\overset{H}{\text{C}}}-\text{C}\overset{H}{\diagdown}\text{O} \\ \text{B} \\ \text{ケト型} \\ \text{(安定)} \end{array}$$

$$\underset{\text{エノール型}}{\text{CH}_3-\underset{\text{O}}{\overset{\|}{\text{C}}}-\text{CH}=\overset{H-O}{\text{C}}-\text{O}-\text{C}_2\text{H}_5} \rightleftarrows \underset{\text{ケト型}}{\text{CH}_3-\underset{\text{O}}{\overset{\|}{\text{C}}}-\overset{H}{\text{CH}}-\underset{\text{O}}{\overset{\|}{\text{C}}}-\text{O}-\text{C}_2\text{H}_5}$$

1 : 1

フェノール　　　　　　　　ケト型
(エノール型)

8.6　ブルバレンの結合：結合異性

　互変異性のように，結合が時間的に変化することがある．すなわち，ある時には二重結合であるが，次の瞬間には一重結合に変化するのである．このような結合をもつ化合物の代表的な例がブルバレンである．

（1）　ホモトロピリデンの構造

　図はブルバレンの部分結合であるホモトロピリデンである．この化合物の構造 A では分子の左部分に二重結合があり，右側に三員環がある．ところが構造 B ではこの三員環が開裂して二重結合になり，二重結合が三員環に変化している．A と B はひっくり返せば同じになることから，同じ化合物と思われるが，C_1 を炭素の同位体 ^{13}C で置換すれば，異なる化合物であることがわかる．

（2）　ホモトロピリデンの結合

　構造 A と B では 4 個の炭素 C_2, C_4, C_6, C_8 が，二重結合の sp^2 炭素になったり三員環の sp^3 炭素になったりと，大きく変化しているようにみえる．しかし，三員環を 8.3 節でみたウォルシュモデルで考えれば，これらの炭素の混成状態は sp^2 混成のまま，何も変化はしていないことになる．

　ホモトロピリデンはある瞬間には構造 A となり，ある瞬間には構造 B となる．この変化は非常に速いので，C_2, C_4, C_6, C_8 は互いに区別できず，C_1 と C_5，C_3 と C_7 も区別できない．したがって，この化合物には 3 種類の炭素が 1 : 1 : 2 の比で存在する．このような異性現象を結合異性という．

（3）　ブルバレンの結合

　ブルバレンは図のような構造の化合物である．この構造はホモトロピリデン骨格 3 個が縮合した構造とみなすことができる．そして，それぞれのホモトロピリデン骨格が結合異性を繰り返す結果，すべての炭素が等価になって区別できなくなってしまうのである．

　実際に，室温で ^{13}C の MR を測定するとただ 1 本のピークしか現れず，ただ 1 種類の炭素しかないことがわかる．

8.6 ブルバレンの結合: 結合異性

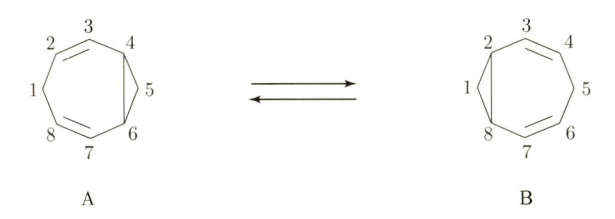

C₁, C₅   C₂, C₄, C₆, C₈   C₃, C₇

1 : 2 : 1

$$n=\frac{10!}{3}=1{,}209{,}600\ (個の異性体)$$

9. 芳香族の結合

芳香族化合物，およびその性質である芳香族性は化学，特に有機化学にとって非常に重要な問題である．ここでは，芳香族化合物の結合と物性をみてみよう．

9.1 芳香族化合物

（1） 芳香族の種類

代表的な芳香族を図に示す．

ベンゼン系： ベンゼンやナフタレンのような芳香族の主流．
ヘテロ環 (複素環) 系： ピリジンやピロールなどヘテロ原子をもつ．
イオン系： イオンの芳香族．
非ベンゼン系： ベンゼン系芳香族以外の芳香族をいうが，五員環，七員環など奇数員環の芳香族をさすことが多い．
特殊な芳香族： 上記以外の芳香族．

（2） 芳香族化合物の性質

一般に，芳香族化合物の性質として，①安定である，②反応不活性であるということがあげられる．

化合物の安定性には2つの側面がある．1つは熱力学的な意味での安定性であり，もう1つは反応速度論的な意味での安定性である．

① 熱力学的に不安定なものとは，エネルギー的に不安定なものであり，安定に存在できない．したがって，外部が何もしなくても，自分で勝手に他の安定状態に変化していく．すなわち，もとの分子は消滅する．

② 反応速度論的に不安定な化合物というのは，エネルギー的には安定であるが，反応性が激しい．したがって，まわりに反応の相手になる分子がいなければ，ずっと安定に存在し続ける．しかし，まわりに反応性の分子が来ると，すぐに反応して別の分子に変化する．すなわち，もとの分子は消滅する．反応相手の分子は，自分と同じ分子でもよい．したがって，高濃度になれば反応して，消滅してしまうのである．

芳香族化合物は，この両方の意味で安定な化合物である．

9.1 芳香族化合物

芳香族の種類

ベンゼン系

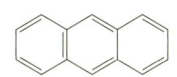

ヘテロ環（複素環）系

6π 10π 2π

イオン系

2π 6π 6π 10π

非ベンゼン系

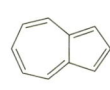

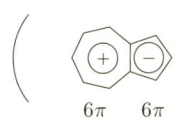

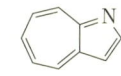

10π 6π 6π

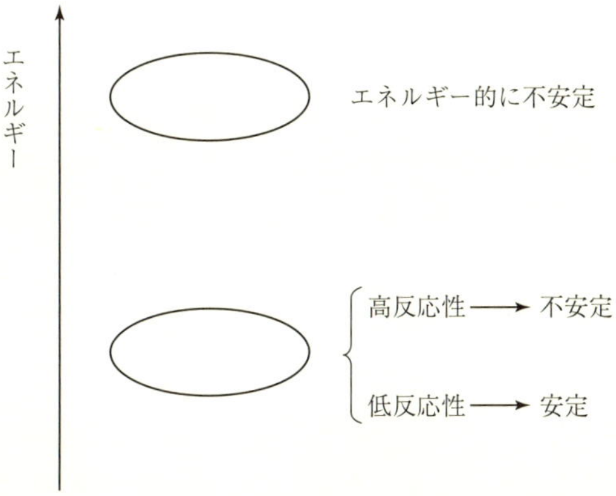

9.2 芳香族の定義

芳香族は研究的にも，化学産業的にも非常に重要な化合物群である．しかし，その定義は意外と困難である．"安定"とか"反応性が乏しい"というのは相対的なものであり，明確な定義とは言えない．

(1) ヒュッケル則

芳香族の定義として明確なのは，ヒュッケル則とよばれるものである．それは

"環状共役化合物で，環内に $4n+2$ 個の π 電子をもつものが芳香族"

であるというものである．

n は正の整数である．この定義に従うと，ベンゼン ($n = 1$, 6π 電子) はもちろん，シクロプロペニルカチオン ($n = 0$, 2π)，シクロペンタジエニルアニオン (6π)，シクロヘプタトリエニルカチオン (6π)，シクロオクタテトラエニルジアニオン ($n = 2$, 10π) などの環状アニオンも芳香族化合物ということになる．

(2) 反芳香族

芳香族に対して反芳香族がある．これはヒュッケル則に従って定義すれば

"環状共役化合物で，環内に $4n$ 個の π 電子をもつもの"

ということになる．つまり，芳香族とは反対に，特別の不安定性をもつ化合物群のことである．その典型は4個の π 電子をもつシクロブタジエンであり，シクロブタジエンが単離されないのはこの理由による．

また，8個の π 電子をもつシクロオクタテトラエンが平面でなく，桶形であることもこの理由である．すなわち，平面になったら環状共役化合物となり，8π 電子の反芳香族となって不安定で存在できなくなる．そのため，曲がった構造をとって各二重結合を分断させ，共役系を構成しないのである．

しかし，シクロオクタテトラエンに電子2個を加えて 10π 電子にすると，$n = 2$ の芳香族となることができる．したがって，分子は平面形に変形し，共役系に変化して芳香族の安定イオンとなる．

9.2 芳香族の定義

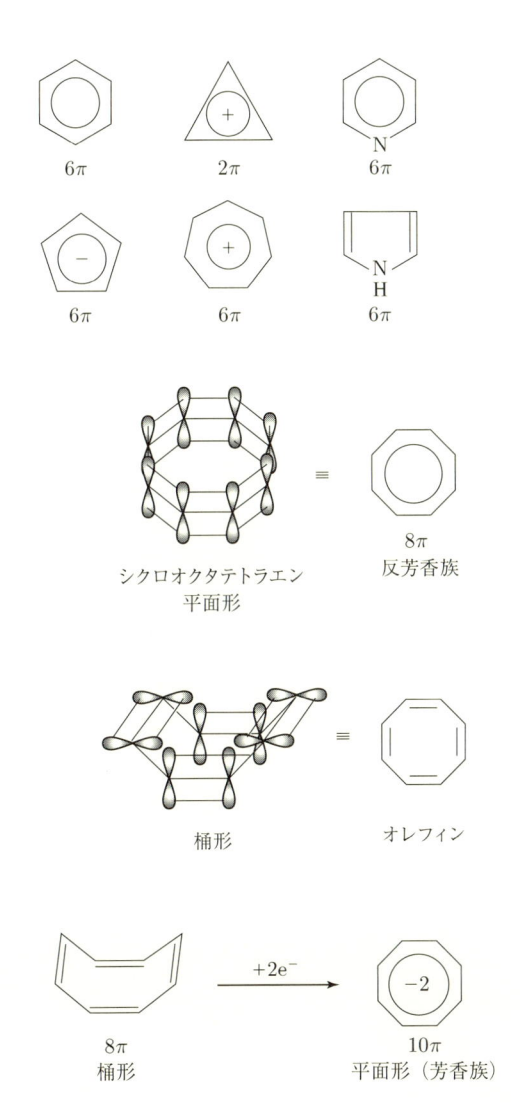

6π　　2π　　6π（N）

6π（−）　6π（+）　6π（NH）

シクロオクタテトラエン
平面形　≡　8π　反芳香族

桶形　≡　オレフィン

8π 桶形　$\xrightarrow{+2e^-}$　10π 平面形（芳香族）

9.3 イオン系芳香族

イオンになることによって芳香族の条件を満たすものがある．単に環状共役化合物の π 電子を，適当な酸化剤や還元剤を用いて増減すればよい場合と，相当する非共役化合物から，水素原子をイオンとして取り外さなければならない場合がある．

(1) シクロプロペニルカチオン

前にみたように，シクロプロペンから sp^3 炭素についた水素をアニオン H^- として外すと，環内に 2 個の π 電子をもつシクロプロペニルカチオンとなる．これはヒュッケル則で $n=0$ に相当する芳香族である．

(2) シクロペンタジエニルアニオン

シクロペンタジエンから sp^3 炭素についた水素をカチオン H^+ として外すと，環内に 6 個の π 電子をもつシクロペンタジエニルアニオンとなる．これはヒュッケル則で $n=1$ に相当する芳香族である．

(3) シクロヘプタトリエニルカチオン

シクロヘプタトリエンから sp^3 炭素についた水素をアニオン H^- として外すと，環内に 6 個の π 電子をもつシクロヘプタトリエニルカチオン(トロピリウムイオン)となる．これはヒュッケル則で $n=1$ に相当する芳香族である．

(4) シクロオクタテトラエニルジアニオン

前節でみたように，シクロオクタテトラエンに 2 個の電子を加えて 2 価のアニオン (ジアニオン) とすると，環内の π 電子は 10 個となり，$n=2$ の芳香族となる．

同じことは電子を取り去った場合にも起こる．したがって，シクロオクタテトラエンから 2 個の電子を取り去って 2 価のカチオン (ジカチオン) とすると，環内の π 電子は 6 個となるので芳香族となる．

9.3 イオン系芳香族

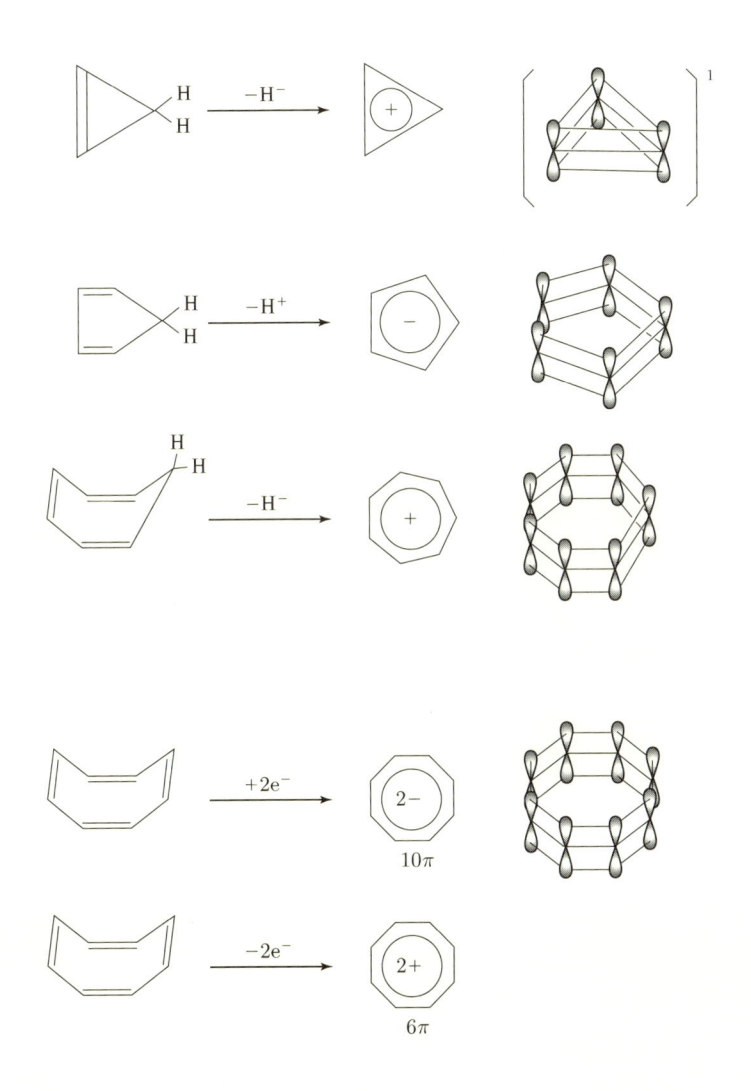

9.4 ヘテロ環芳香族

炭素以外の原子を環構成原子としてもつ芳香族をヘテロ環芳香族，あるいは複素環芳香族という．

(1) ピリジンの結合

ベンゼンの 1 組の CH が窒素 N に置き換わった構造の分子をピリジンという．特有の刺激的な悪臭をもつ分子であるが，ベンゼンと同様に芳香族の一種である．

ピリジンの窒素は sp^2 混成状態であり，電子配置は図の通りである．すなわち，非共有電子対は混成軌道に入っている．これは次節でみるピロールとの大きな違いである．

この結果，ピリジンの結合状態は図のようになる．すなわち，非共有電子対は混成軌道に入るので，水素と同じようにピリジン分子面内にある．窒素の p 軌道は他の 5 個の炭素 p 軌道と共役して，全 6 原子に広がる環状共役系を形成する．これはベンゼンの共役系と同じものである．したがって，ピリジンは芳香族である．

(2) DNA の塩基の結合

遺伝を司る化合物として知られる核酸には DNA と RNA という 2 種類がある．DNA は，アデニン (記号 A)，グアニン (G)，シトシン (C)，チミン (T) という 4 種類の塩基からできている．一方，RNA は，チミンの代わりにウラシル (U) を用いている．

すべての塩基に共通しているのは，2 個の窒素原子を含む六員環構造をもっていることである．これらの窒素原子は二重結合を構成しているものと，NH となっているものの 2 種類がある．NH となっているものは，H をカルボニル酸素に移動してエノール型として考えると，すべての塩基が芳香族であることがよくわかる．

したがって，すべての窒素が sp^2 混成状態となり，その p 軌道に 1 個の π 電子を入れているのである．この結果，すべての塩基の六員環は 6 個の π 電子をもった芳香族となる．

9.4 ヘテロ環芳香族

ピリジン

	プリン	ピリミジン
塩基	アデニン (A)　グアニン (G)	シトシン (C)　チミン (T)　ウラシル (U) RNA

エノール化

6π 芳香族

非共有電子対

9.5 ピロールの構造

ピロールはピリジンと同様に芳香族であり、窒素も sp^2 混成である。しかし、電子配置はピリジンと異なっている。

(1) ピロールの結合

ピロールの窒素は sp^2 混成である。非共有電子対は、ピリジンの場合とは異なり、p 軌道に入っている。この結果、ピロールの結合は図のようになる。すなわち、非共有電子対の入った窒素 p 軌道は、炭素上の 4 個の p 軌道と共役し、5 個の原子からなる環状共役系を形成する。

この環状共役系に入る π 電子は、4 個の炭素から来る 4 個の電子と、窒素の非共有電子対の 2 個、合わせて 6 個である。したがって、ピロールは芳香族である。

(2) ピロールの極性構造

ピロールの窒素原子上の p 軌道は、炭素部分の p 軌道と共役して環状共役系を形成する。その結果、窒素原子上の p 軌道に入っていた非共有電子対の 2 個の電子は共役系全体に広がることになる。

すなわち、5 個の原子上に 6 個の電子が散らばるのである。この結果、単純計算で各原子の電子密度は 6/5 となる。つまり、炭素は 1/5 個だけ電子が増えたので負に荷電し、反対に窒素は 4/5 個の電子が減ったので +4/5 に荷電することになる。

したがって、ピロールでは窒素原子が正に荷電し、環部分が負に荷電した極性構造となっている。

(3) フランの結合

フランはピロールの NH を酸素 O で置換した化合物である。酸素は sp^2 混成であり、p 軌道に非共有電子対を入れているのでピロールと同じ理由によって芳香族である。

しかし、酸素と窒素では酸素の方が電気陰性度が大きい。そのため、非共有電子対の電子を環内に放出する傾向が弱い。この結果、フランの芳香族性はピロールより弱くなることが知られている。

9.5 ピロールの構造

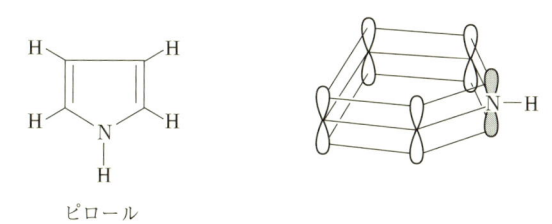

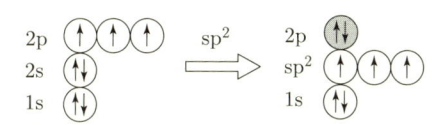

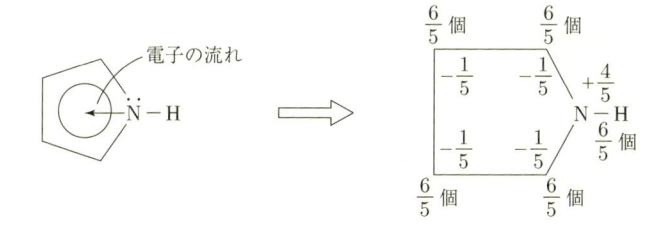

ピロール

$\frac{6}{5}$個 $\frac{6}{5}$個
$-\frac{1}{5}$ $-\frac{1}{5}$ $+\frac{4}{5}$
N—H
$-\frac{1}{5}$ $-\frac{1}{5}$ $\frac{6}{5}$個
$\frac{6}{5}$個 $\frac{6}{5}$個

電子の流れ

フラン　　チオフェン

電気陰性度　S < N < O
　　　　　　2.5　3.0　3.5

9.6 アゼピンの結合

アゼピンは窒素を含んだ七員環化合物であり，ピロールとよく似た構造である．アゼピンの構造にはシクロオクタテトラエンと同様に，平面形と桶形の2つの可能性がある．

(1) 平面形構造のアゼピン

アゼピンが平面形構造をとるためには，窒素を含めてすべての原子がsp^2混成軌道とならなければならない．この結果，環を構成する7個の原子のp軌道はすべて平行となり，非局在π結合を形成する．

この場合，3個の原子と結合している窒素はその非共有電子対をp軌道に入れなければならなくなる．その結果，このπ系を構成するπ電子の個数は，炭素から来た6個，窒素の非共有電子対の2個，合計8個となる．これはこの環状共役系が反芳香族であることを示すものである．したがって，アゼピンの窒素はsp^2混成軌道となることはできず，よって，分子の形も平面形となることはできない．

(2) 桶形構造のアゼピン

上の理由によってsp^2混成となることのできないアゼピンの窒素に許された混成はsp^3混成である．非共有電子対はsp^3混成軌道に入る．

この結果，アゼピンの結合状態は環構成原子のすべてが共役に関与した環状共役化合物ではなく，6個の炭素鎖部分だけが共役した化合物になる．分子の形は図に示すように，折れ曲がった桶形構造となる．

(3) アゼピン窒素上の置換基

上でみたように，平面形アゼピンは8π電子の反芳香族である．しかし，ここから2個のπ電子を除いたら6π電子の芳香族となる．このような寄与があるのかどうかは明確ではないが，安定に存在するアゼピンは，窒素上に電子求引性の置換基をもつものに限られるのは興味深いことである．

9.6 アゼピンの結合

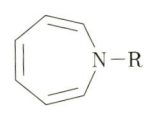

アゼピン

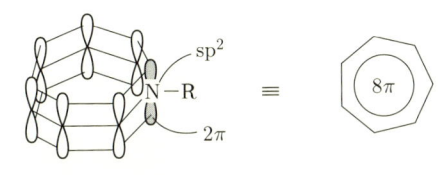

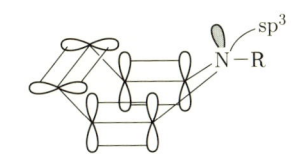

平面形 = 8π 反芳香族

sp²
2π

8π

桶形 = オレフィン

sp³

R=CO₂R　　存在する
R=CH₃, C₂H₅　存在しない

9.7 非ベンゼン系芳香族

ベンゼン系以外の芳香族はすべて非ベンゼン系芳香族となるが，ここでは一般に，トロポノイド化合物とよばれる芳香族をみてみよう．

(1) トロポンの結合

トロポン (シクロヘプタトリエノン) は，トロポノイド化合物の語源になった分子である．七員環で7個の炭素はすべてsp^2混成であり，1個だけが酸素と二重結合してカルボニル基となる．

トロポンでは，7個の環構成炭素原子上に7個のπ電子が存在している．問題はカルボニル基である．7.7節でみたように，カルボニル基は電子求引基であり，カルボニル炭素は正に荷電する．この結果，トロポンの環内π電子の個数は6個となり，芳香族となる．

(2) ペンタフルベンとヘプタフルベン

ペンタフルベンは五員環に二重結合が結合した形の分子であり，すべての炭素がsp^2混成である．この結果，環内に5個のπ電子をもっている．そのため，環外の1個を環内に移動させれば環内は6π電子となって芳香族となる．その結果，生成したのが図の双極構造である．すなわち，環部分は負に荷電し，環外炭素は正に荷電する．

ヘプタフルベンはペンタフルベンの五員環部分を七員環にしたものである．この場合，環内の1個を環外に移動させれば環内は6π電子となって芳香族となる．その結果，環部分は正に荷電し，環外炭素は負に荷電する．

(3) アズレン

アズレン系は，形式的にπ電子を数えると七員環部分に7個，五員環部分に5個である．もし1個の電子を七員環部分から五員環部分に移動させれば，両方とも6個の電子となって芳香族性を獲得できる．そのため，アズレンは図のような双極構造をとって芳香族性を獲得している．

9.7 非ベンゼン系芳香族

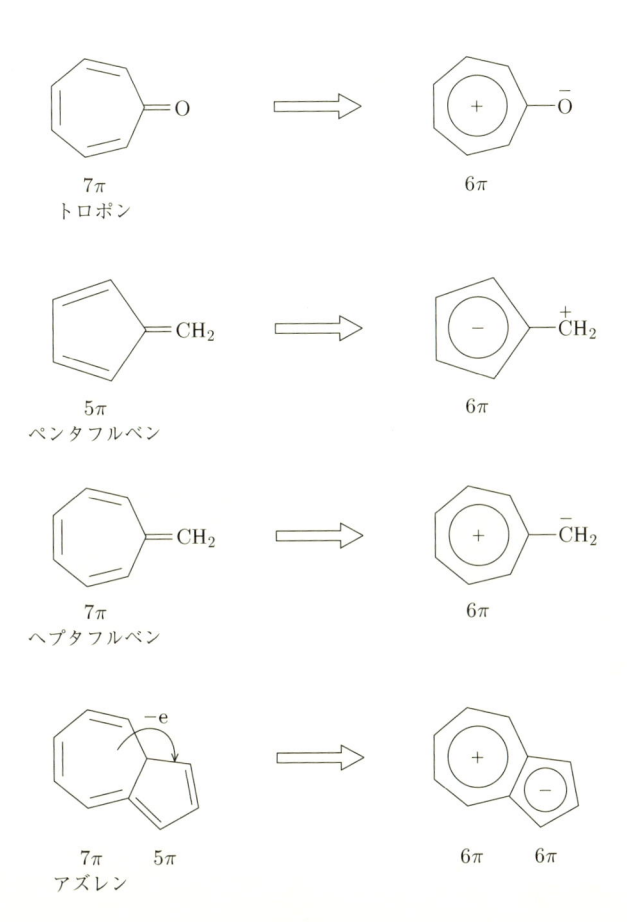

7π
トロポン ⇒ 6π

5π
ペンタフルベン ⇒ 6π

7π
ヘプタフルベン ⇒ 6π

7π　5π
アズレン　−e ⇒ 6π　6π

9.8 ホモ芳香族

ホモ共役によって芳香族となる化合物の結合をみてみよう．

(1) ホモ芳香族

シクロオクタテトラエン A の C_1 に水素陽イオン H^+ が結合すると，C_1 は sp^2 混成から sp^3 混成に編成替えし，陽イオン B となる．

B では $C_2 \sim C_8$ の7個の炭素が奇数系の鎖状共役系を構成して陽イオンを担う．しかし，環状化合物であるため，C_2 と C_8 は空間的に近くなり，ホモ共役を構成することができる．この結果，B は sp^3 混成の C_1 をはじき出して，$C_2 \sim C_8$ が七員環ホモ共役系 C を構成することになる．

この系に含まれる π 電子は6個であり，イオン系芳香族のシクロヘプタトリエニウム陽イオンと同様の芳香族である．このように，ホモ共役結合を含む芳香族をホモ芳香族という．

(2) ビスホモ芳香族

2か所でホモ共役しているイオンをビスホモイオンという．

◆ 平行系

陽イオン D は，陽イオン炭素 C_1 の p 軌道が，C_3, C_4 間の二重結合を構成する2個の p 軌道と平行になっている．このため，この3個の p 軌道が，ホモ共役系を構成することができる．この系に含まれる電子は2個なので，系は芳香族となる．この系はホモ共役が2個あるのでビスホモ芳香族である．

◆ 非平行系

化合物 E から脱離基 X が X^- として脱離すると，陽イオン F が生成する．F では陽イオンの入った C_7 位の p 軌道と二重結合を構成する C_1, C_2 位の2個の p 軌道が空間を通して接し，構造 G になっている．これは C_3 と C_6 を飛び越して C_1, C_2, C_7 でホモ共役しているので，ビスホモ共役の一種である．このイオンも π 電子が2個の三員環陽イオンであり，ビスホモ芳香族である．

9.8 ホモ芳香族

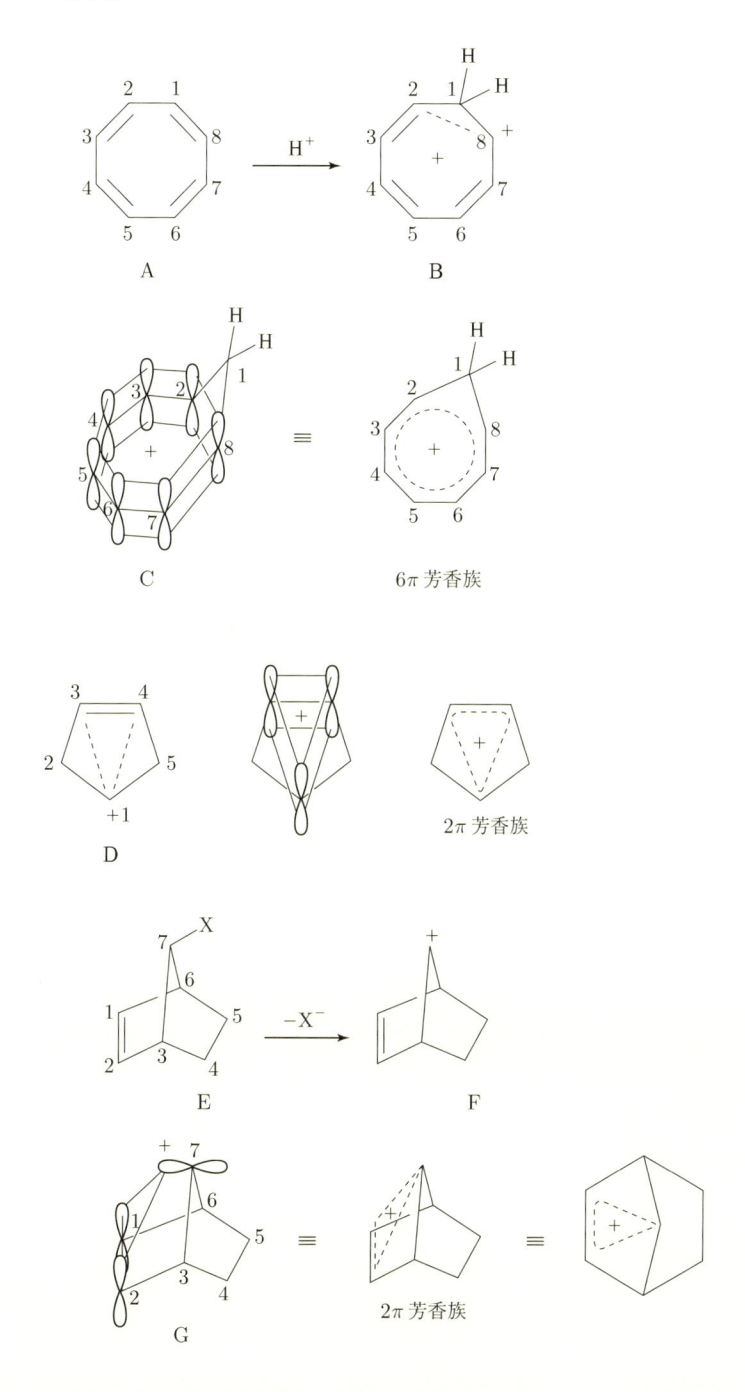

6π 芳香族

2π 芳香族

2π 芳香族

10. 不安定中間体の結合

化合物には不安定ですぐに壊れてしまうとか，反応して他のものに変化してしまうものなどがある．このようなものを不安定中間体とよぶ．

10.1 イオン・ラジカルの結合

イオンとラジカルは最もよく知られた不安定中間体である．イオンには中性分子種より電子の少ない陽イオンと，電子の多い陰イオンがある．

(1) σ 結合の切断

置換基 A と B が共有結合した分子 A−B において，AB 間の σ 結合を切断することを考えよう．図は2個の σ 結合電子を2個の点で表したものである．

切断方法には次の3つが考えられる．

① 2個の電子が A に行き，B には電子が来ない．
② A, B で2個の電子を分ける．
③ 2個の電子が B に行き，A には電子が来ない．

(2) 結合切断によって生じる分子種

切断方法②は電子を等分する切断法なのでホモリティックな切断という．生じた A·B· それぞれをラジカル，"·" をラジカル電子という．A, B が原子の場合には，ラジカル A·, B· はそれぞれ原子 A, B に等しい．A· をラジカルとよぶか，原子とよぶかは文脈による．

切断方法①，③はイオンを生じる切断であり，ヘテロリティックな切断という．2個の電子を受け取った方が陰イオン（アニオン，炭素の場合にはカルバニオン）であり，電子をもらわなかった方が陽イオン（カチオン，炭素の場合にはカルボカチオン）である．

10.1 イオン・ラジカルの結合

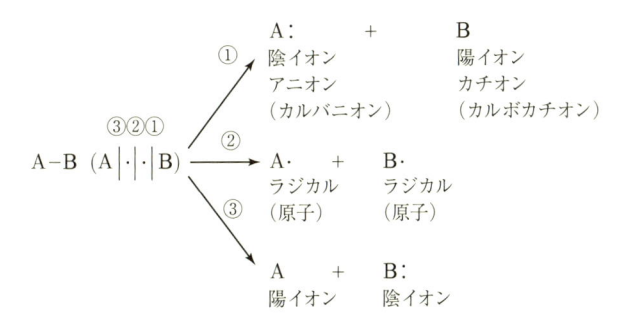

$$
\text{A-B } (A|\cdot|\cdot|B) \begin{array}{l} \xrightarrow{①} \text{A：} + \text{B} \\ \phantom{\xrightarrow{①}} \text{陰イオン} \quad \text{陽イオン} \\ \phantom{\xrightarrow{①}} \text{アニオン} \quad \text{カチオン} \\ \phantom{\xrightarrow{①}} \text{（カルバニオン）（カルボカチオン）} \\ \xrightarrow{②} \text{A・} + \text{B・} \\ \phantom{\xrightarrow{②}} \text{ラジカル} \quad \text{ラジカル} \\ \phantom{\xrightarrow{②}} \text{（原子）} \quad \text{（原子）} \\ \xrightarrow{③} \text{A} + \text{B：} \\ \phantom{\xrightarrow{③}} \text{陽イオン} \quad \text{陰イオン} \end{array}
$$

$$
\text{CH}_3\text{CH}_2\text{Cl} \longrightarrow \underset{\text{陽イオン}}{\text{CH}_3\text{CH}_2^+} + \underset{\substack{\text{陰イオン} \\ \text{（塩化物イオン）}}}{\text{Cl}^-}
$$

CF₃Cl
フロンの一種 $\longrightarrow$ CF₃・ + Cl・
　　　　　　　　ラジカル　ラジカル
　　　　　　　　　　　　　（原子）

10.2 イオンの結合

炭素イオンの場合には，炭素の混成状態によってイオンの安定性が影響される．

（1） 陽イオンの結合

sp^3 混成の炭素についた遊離基 X が陰イオン X^- として脱離して，残り部分が陽イオンになったとしよう．このとき，このイオンの炭素の混成はどのようになるだろうか．

置換基が3個ついているから，それを結合させるためには sp^3 混成か sp^2 混成でなければならない．陽イオン炭素が sp^3 混成のままなら，三角錐形の陽イオンとなり，sp^2 混成に変化すれば平面形の陽イオンとなる．

（2） 軌道エネルギーの比較

どちらの混成状態がより安定かを検討するには，系の結合エネルギーを比較すればよい．陽イオンの場合には，問題になるのは3個の置換基を結合させる結合電子，すなわち6個の電子だけである．「この6個の電子のエネルギーを低くするにはどちらの混成軌道に入れればよいか」ということになる．

このためには両混成軌道のエネルギーを比較すればよい．前にみたように，混成軌道は s 性の多い方が低エネルギーである．したがって，sp^3 混成軌道と sp^2 混成軌道を比べれば，sp^2 混成軌道の方が s 性が多く，低エネルギーである．そのため，陽イオンは sp^2 混成となり，平面形となる．

（3） 陰イオンの結合

陰イオンのもつ電子は，結合電子6個，結合切断に伴って加わった2個の結合電子，合計8個である．したがって，陰イオンの場合には，すべての軌道に電子が入ることになり，基本的に sp^3 混成，sp^2 混成の間で電子エネルギーの総和に違いはない．

その結果，sp^3 混成の陰イオンは，sp^2 混成の平面陰イオンを経由して立体配置を反転することが可能となる．そのため，光学活性の出発分子から生じた陰イオンは，自由に反転して光学異性体の1:1混合物であるラセミ体となる．したがって，出発物質の光学活性は消滅することになる．

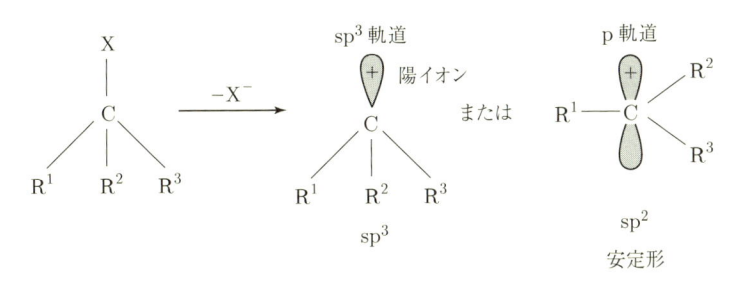

10.2 イオンの結合

陽イオン sp³軌道 または p軌道

sp³　　　sp²　安定形

軌道エネルギー　sp³ > sp²
　　　　　　　　高エネルギー

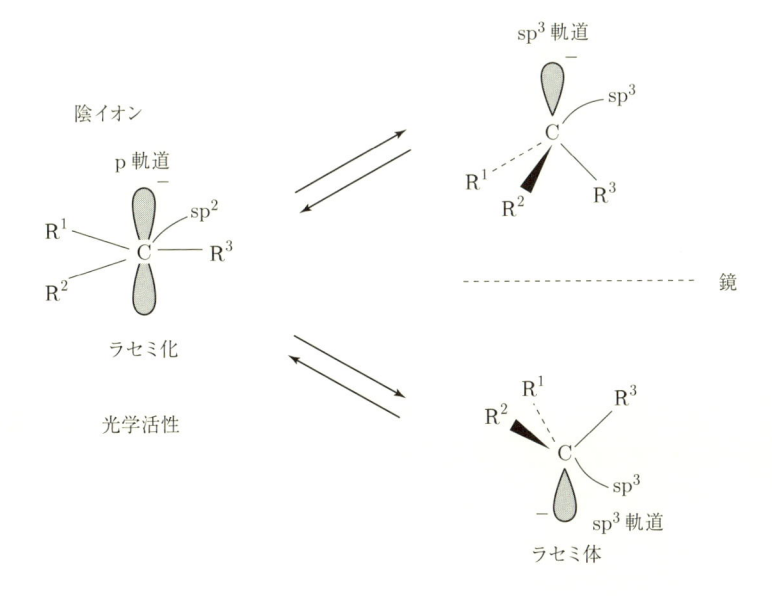

陰イオン

p軌道　　　　　sp³軌道

　　　　　　　　　　　　　　　　鏡

ラセミ化

光学活性　　　　　　　　　ラセミ体

10.3 イオンの安定化

混成状態の変化の他に，イオンを安定化するにはどのような方法があるのだろうか．

（1） 置換基による安定化

イオンの安定化には置換基の効果が大きいことが知られている．ニトロ基 NO_2 は基質から電子を奪う電子吸引性置換基である．そのため，陰イオン炭素にこのような置換基が結合すると，電子過剰の状態から電子が吸引されることになるので陰イオンは安定化される．この効果には加成性があり，置換基の個数が多くなれば効果も大きくなる．

図はフェノール誘導体の酸性度を比較したものである．置換基がない場合の酸解離指数 pK_a は9.75 であるが，ニトロ基が結合すると pK_a は7.15 と小さくなり，酸としての性質が数百倍強くなったことを示す．ニトロ基が2個つくと pK_a は3.70 とさらに小さくなり，酸としての強さは数千倍強くなっている．これはフェノールが解離して生じた陰イオンの安定性に基づくものである．

また，メチル基 CH_3 などのアルキル基は電子供与性なので，アルキル基が多くついた炭素陽イオンはより安定となる．

（2） 共役による安定化

陽イオンでは，その p 軌道が他の π 系と共役することによって安定化することが知られている．図 A は，陽イオンの p 軌道が，ヘテロ原子 X の非共有電子対が入った p 軌道と共役し，そこから流れ込む電子によって安定化される例である．図 B は，陽イオンの p 軌道がビニル基と共役し，正電荷を非局在化することによって安定化した例である．

図 C は，陽イオンがシクロプロピル共役によって安定化した例である．この場合，陽イオン炭素の p 軌道がシクロプロパン環と共役できることが重要であり，図 C では共役できるが，図 D では共役関係が形成されないことは前でみた通りである．

10.3 イオンの安定化

pK_a=9.75　　　　　pK_a=7.15　　　　　pK_a=3.70

$$CH_3-\overset{CH_3}{\underset{CH_3}{\overset{|}{\underset{|}{C}}}}{}^+ \quad > \quad \overset{CH_3}{\underset{CH_3}{>}}\overset{+}{CH} \quad > \quad CH_3-\overset{+}{C}H_2 \quad > \quad \overset{+}{C}H_3$$

安定　←　　　　　　　　　　　　　　　　　　　　不安定

$^+CR_2X$　　　　　　　$CH_2=CH-\overset{+}{C}R_2$

A　　　　　　　　　　　　　B

安定化効果あり　　　　　　安定化効果なし

C　　　　　　　　　　　　　D

10.4 特殊なイオンの結合

特殊な構造のイオンの結合状態をみてみよう．

(1) ハロニウムイオン

二重結合にハロゲン陽イオンが付加してつくる陽イオンをハロニウムイオンという．臭素付加反応の際に生じるブロモニウムイオンはハロニウムイオンの一種である．

ハロニウムイオンの構造は，ハロゲン陽イオンの空 p 軌道が二重結合の 2 個の p 軌道に橋架けをするようにしてつくったものである．臭素付加反応では，二重結合はこのようにハロゲン陽イオンによって分子面の片側をブロックされる．そのため，次に攻撃するハロゲン陰イオンは，分子面の空いている反対側から攻撃せざるをえない．これが臭素分子のトランス付加の原因である．

(2) フェノニウムイオン

イオン A は，イオン B と平衡の関係にあることが知られている．これはフェニル基が C_1 と C_2 の間を常に移動していることを意味する．中間体として考えられたのがイオン C であり，これをフェノニウムイオンという．フェニル基の p 軌道が二重結合の 2 個の p 軌道に橋架けした構造であり，ハロニウムイオンにおけるハロゲン原子がフェニル基に変換したものとみなすことができる．

(3) S_N2 反応中間体の結合

二分子求核置換反応，S_N2 反応では反応途中に特殊な陰イオンを中間体 (遷移状態) として経由する．この中間体は，求核試薬 Y^- が出発物質を脱離基 X の反対側から攻撃することによって生じるもので，出発物がもつ 4 個の置換基に加えて攻撃試薬 Y が結合した 5 配位の陰イオンである．

このイオンの炭素は sp^2 混成である．反応の前後を通じて変化しない 3 個の置換基は混成軌道に結合する．そして，脱離基 X と攻撃試薬 Y が 1 個の p 軌道の両端に結合する．これは Y-C-X の三中心が 4 個の電子によって結合した形であり，後に無機化合物の結合でみる三中心四電子結合に相当する．

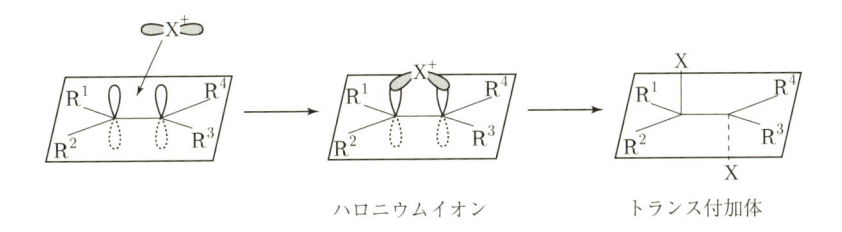

10.4 特殊なイオンの結合

ハロニウムイオン

トランス付加体

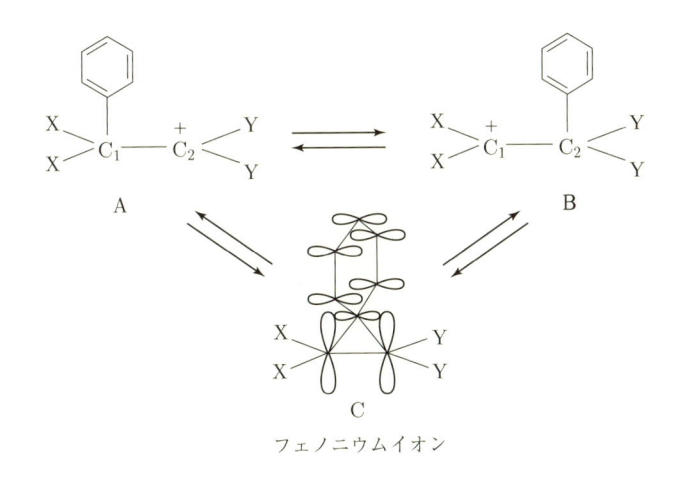

フェノニウムイオン

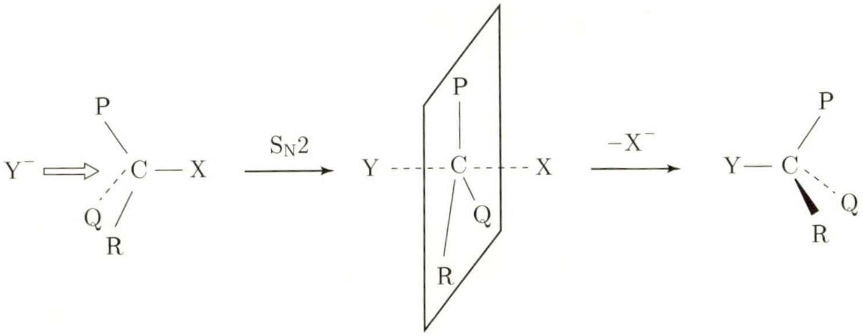

10.5 カルベン・ナイトレンの結合

炭素の価標は 4 であり,普通の炭素は 4 個の置換基と結合している.一方,イオンやラジカルは炭素に 3 個の置換基がついたもので,不安定である.それに対して,カルベンは置換基を 2 個しかもたない炭素である.そして,炭素上に 2 個の電子を結合しないまま残している.そのため,非常に不安定で,高い反応性をもつ.カルベンは化合物 A の脱一酸化炭素,あるいは化合物 B の脱窒素によって生じる.

(1) 一重項と三重項

カルベンの炭素は一般に sp^2 混成が多い.そして,2 個の未結合電子の入り方に 2 通りある.1 つは,エネルギーの低い sp^2 混成軌道に電子対をつくって入るものである.このようなカルベンを一重項カルベンという.もう 1 つは,sp^2 混成軌道と p 軌道に 1 個ずつ入れ,スピン方向を同じにするものである.このようなカルベンを三重項カルベンという.

(2) 安定カルベン

軌道エネルギーを比較すれば,2 個の電子が低エネルギーの混成軌道に入った一重項の方が安定である.しかし,電子配置のところでみたように,電子のスピン方向が揃っている配置,三重項には独自の安定性がある.このため,一重項カルベン,三重項カルベンのエネルギー差は小さく,どちらが安定になるかは一概には言い難い.カルベン炭素に結合する置換基によって多重度は変化する.

(3) ナイトレン

ナイトレンは置換基を 1 個しかもたない窒素であり,カルベンの窒素版とも言えるものである.ナイトレンの窒素は sp^3 混成であり,混成軌道の 1 個を使って置換基と結合する.残る 3 個の混成軌道の 1 個には非共有電子対が入っている.そして,残り 2 個の混成軌道に 1 個ずつの不対電子が入るが,そのスピン方向により,一重項ナイトレンと三重項ナイトレンがあることはカルベンと同様である.

10.5 カルベン・ナイトレンの結合

$$R_2C=C=O \xrightarrow{-CO} R_2C: \xleftarrow{-N_2} R_2C=N=N$$

A　　　　　　カルベン　　　　　　B

- p軌道
- sp² 混成軌道

一重項カルベン　　　　　三重項カルベン

$$R-N=N=N \xrightarrow{-N_2} R-N:$$

非共有電子対

sp³

一重項ナイトレン　　　　三重項ナイトレン

10.6　ベンザインの結合

　塩化ベンゼンにアンモニアを作用させると，塩素がアミノ基 NH_2 に置換されてアニリンが生成する．ところが，塩素置換位置の炭素を同位体の ^{13}C に置換した塩化ベンゼン A を用いて反応すると，生成物は単なる置換体 B だけではなく，アミノ基の結合位置が異なる C がほぼ同じ収率で生じる．

　このような現象が生じるためには，中間に三重結合化合物 D が生成している必要がある．これをベンザインという．

(1)　ベンザインの結合

　ベンザインは形式的に三重結合を含んでいるが，正規の三重結合を構成するには 2 個の炭素は sp 混成でなければならない．しかし，これでは 2 個の sp 混成炭素に結合した 2 個の炭素原子を含めて，合計 4 個の炭素原子が直線上に並ばなければならない．このような部分構造をベンゼンのような小さな環に収容することは不可能である．

　ベンザインの構造は図のようなものと考えられている．すなわち，三重結合を構成する炭素も，他の炭素と同じように sp^2 混成である．そして，2 個の sp^2 混成軌道が，互いに横腹を接するようにして擬似 π 結合をつくろうとする．

(2)　ジラジカルの可能性

　上のような疑似 π 結合という"無理"な結合を考えず，2 個の炭素原子がラジカルとなっただけの"ただのジラジカル"としても反応は説明できる．しかし，この場合，なぜ Cl だけでなく，隣の H までが脱離したのか，ということの説明ができない．2 個の原子 HCl が脱離するためには，脱離の結果生じた D に相当する中間体に何がしかの安定性が要求される．そのためには，脱離した後に新しい結合をつくるのが最もわかりやすい．

　ベンザインに相当する中間体は他の芳香族化合物でも生成する．このようなものをアラインという．

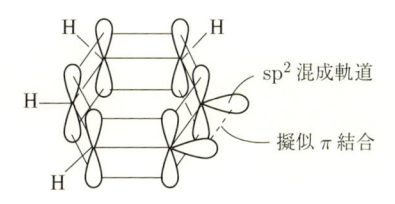

10.6 ベンザインの結合

A　→(NH₃)→　D（ベンザイン）　→　B　+　C
　　　　　　　　　　　　　　　　　　1 : 1
　　　　　　　　　　　　　　　　　アニリン

$$C_1 - C_2 \equiv C_3 - C_4$$

sp混成
4個のCが一直線

sp² 混成軌道
擬似 π 結合

11. 無機化合物の σ 結合

　無機化合物の結合でよく知られているものはイオン結合と金属結合である．しかし，無機化合物で重要な結合になるのは共有結合と配位結合である．配位結合でできた分子の典型は次章でみる錯体である．

11.1 共有結合

　無機化合物でも，共有結合を生成するときには混成軌道を用いることが多い．

（1） sp 混成軌道

　sp 混成軌道を用いた典型的な無機化合物は水素化ベリリウム BeH_2 である．ベリリウムの電子配置は図の通りであり，2 個の混成軌道に 1 個ずつの不対電子が入る．分子の形は直線形となる．

（2） sp^2 混成軌道

　sp^2 混成軌道を用いた分子には三フッ化ホウ素 BF_3 がある．ホウ素の電子配置は図の通りであり，3 個の不対電子は 3 個の混成軌道に入る．分子の形は平面形であり，結合角は 120°である．

（3） sp^3 混成軌道

　sp^3 混成軌道を用いた分子には水素化ホウ素リチウム $LiBH_4$ がある．この化合物はイオン性の化合物であり，2 個のイオン Li^+ と水素化ホウ素陰イオン BH_4^- に分けて考えることができる．

　sp^3 混成軌道を使うのはホウ素 B である．BH_4^- イオンを形成するのはホウ素陰イオン B^- と 4 個の H と考えるとわかりやすい．B^- は中性の B に 1 個の電子が加わったものだから，L 殻に 4 個の電子をもつことになり，炭素と同様に考えることができる．

　すなわち，4 個の混成軌道に 4 個の不対電子を入れるので 4 本の共有結合をつくる．この結果，BH_4^- はメタンと同様の正四面体構造となる．

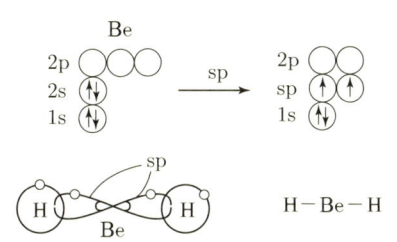

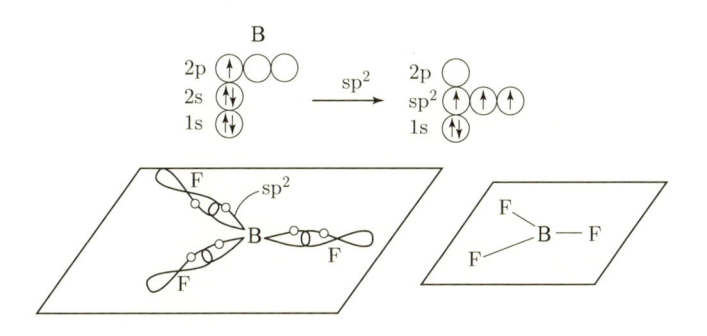

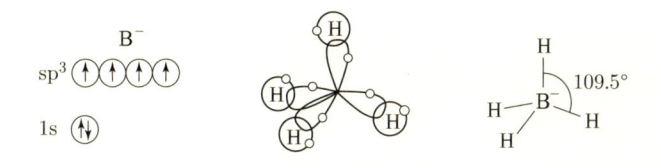

11.1 共有結合

11.2 分子間配位結合

中性分子と中性分子が結合して新たな中性分子が生成することがある．その時に使われる結合が配位結合である．

(1) BF_3-NH_3 の結合

三フッ化ホウ素 BF_3 とアンモニア NH_3 は配位結合によって結合し，新たな分子 BF_3-NH_3 をつくる．

BF_3 の結合は，前節のように sp^2 混成軌道を用いたものである．しかし，配位結合をつくるときには混成を変え，sp^3 混成となる．sp^3 混成の B の電子配置は図の通りであり，混成軌道の 1 個には電子が入らず，空軌道となっている．よって，この空軌道と NH_3 の非共有電子対の入った混成軌道が重なれば配位結合となる．したがって，2 個の分子が結合した結果，新たな分子ができる．

(2) ルイス酸・ルイス塩基の結合

酸・塩基は化学にとって重要な概念である．そのため，多方面の化学分野で使えるように，アレニウスの定義，ブレンステッドの定義など，いくつかの定義があるが，無機化学で便利なのはルイスの定義である．この定義によれば，

- 塩基とは，非共有電子対を供給するもの．
- 酸とは，非共有電子対を受け取るもの．

つまり，この定義は配位結合をもとにした定義である．上の例を用いれば，非共有電子対をもった NH_3 は塩基であり，空軌道をもった BF_3 は酸ということになる．

ルイスの定義によれば，塩基である NH_3 の非共有電子対と配位結合としてアンモニウムイオン NH_4^+ をつくる水素イオン (プロトン) H^+ は，空 1s 軌道をもっており，酸ということになる．

アレニウスの定義やブレンステッドの定義では，H^+ は酸・塩基を定義するものであって，H^+ 自体は酸でも塩基でもない．

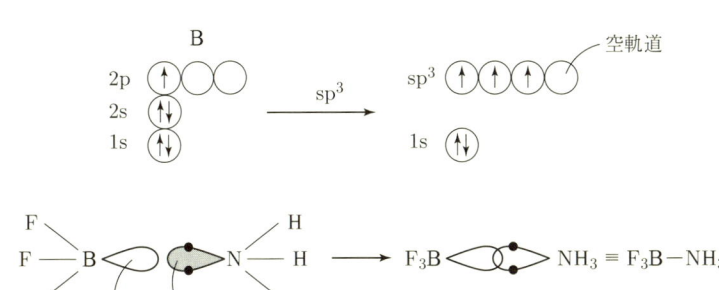

11.2 分子間配位結合

$$
\begin{array}{c}
\text{B} \\
2p\ \uparrow\ \bigcirc\ \bigcirc \\
2s\ \uparrow\downarrow \\
1s\ \uparrow\downarrow
\end{array}
\xrightarrow{sp^3}
\begin{array}{c}
 \\
sp^3\ \uparrow\ \uparrow\ \uparrow\ \bigcirc\ \text{空軌道}\\
 \\
1s\ \uparrow\downarrow
\end{array}
$$

F₃B─NH₃ の形成：

F─B(F)(F) 空軌道 + N(H)(H)(H) 非共有電子対 ⟶ F₃B◇NH₃ ≡ F₃B─NH₃

A◁ (ルイス酸) + ●●▷B (ルイス塩基) ⟶ A◇B

H (空軌道、水素イオン(酸)) + ●●▷B ⟶ H◇B

11.3 三中心結合

1本の結合が3個の原子にまたがっていることがある．このような結合を三中心結合という．

(1) 三中心二電子結合

ボラン BH_3 は不安定な化合物である．そのため，二量化してジボラン B_2H_6 として存在する．ジボランのBは，sp^3 混成であり，2個の水素を互いに共有するようにして，中央に四員環を構成して結合している．

すなわち，ジボランのBは2本のB-H-B三中心結合によって結合している．Bは sp^3 混成なので，四員環の面と両端の BH_2 が乗る平面とは互いに直交していることになる．

B-H-B三中心結合に存在する電子は，片方のB-H結合を構成する2個の電子だけである．そのため，この結合は三中心二電子結合とよばれる．

(2) 三中心四電子結合の可能性

リンPは5個の水素と結合して五水素化リン PH_5 をつくる．この5本のP-H結合はすべて等価であることが明らかになっている．

この結合を，s軌道とp軌道からできる混成軌道で説明してみよう．混成軌道は4個以内であり，5本の共有結合をつくることはできない．そのため，Bと同じように三中心結合をつくる．Pの5個の価電子のうち3個は不対電子として3個の混成軌道に入れ，2個は非共有電子対として p_z 軌道に入れる．

3個のHは混成軌道で結合し，他の2個は p_z 軌道の上下に結合させる．この結合はH-P-Hの3原子からなるので三中心結合である．電子は，2個の水素から来る2個とともに，Pの非共有電子対の2個があるので合計4個となる．このような結合を三中心四電子結合という．

この結果，PH_5 の結合は混成軌道を用いた3本と，三中心四電子結合による2本の，2種類があることになる．しかし，これは事実に反する．

11.3 三中心結合

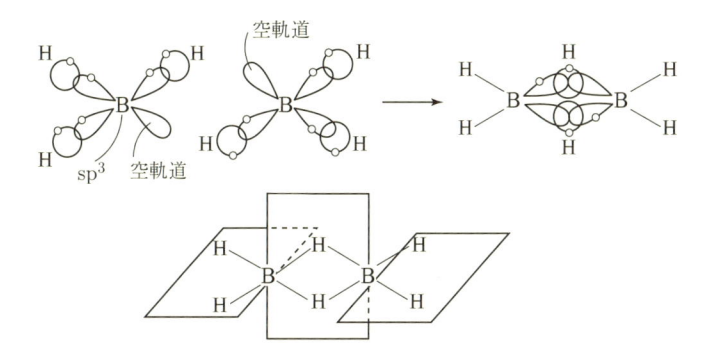

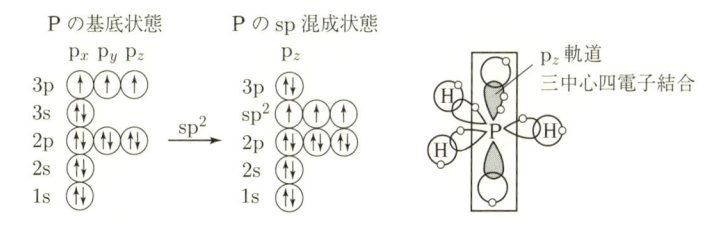

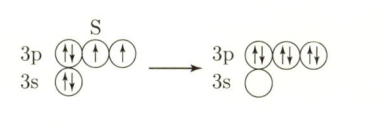

11.4 sp^{3}d 混成軌道による結合

混成軌道は s 軌道と p 軌道だけからできるわけではない．d 軌道を含むものもある．

（1）sp^{3}d 混成軌道

s 軌道 1 個，p 軌道 3 個，d 軌道 1 個からなる混成軌道で，全部で 5 個できる．軌道の配置は三角両錐形である．

（2）PH$_5$ の結合

この混成をとっている典型的な化合物は五水素化リン PH$_5$ である．P の価電子は 5 個なので，これを 5 個の混成軌道に 1 個ずつ入れて不対電子にする．つまり，各々の混成軌道に 5 個の水素を結合させればよい．この結合状態でできた PH$_5$ は 5 本の P–H 結合がすべて等しく，事実を正しく反映している．複雑難解な三中心四電子結合による説明と比較してほしい．事実は単純なのである．

（3）SF$_4$ の結合

四フッ化硫黄 SF$_4$ の S は sp^{3}d 混成である．電子配置は図の通りであり，混成軌道の 1 つに非共有電子対が入る．その結果，結合をつくることのできる混成軌道は 4 個となり，SF$_4$ ができる．しかし，この分子の結合は，4s 軌道を使った p^{3}s 混成軌道を用いた方が合理的である．

（4）XeF$_2$ の結合

キセノン Xe は希ガス元素である．一般に，希ガス元素は反応不活性であり，分子をつくらない．しかし，Xe のように大きい元素になると共有結合によって分子をつくる．それは d 軌道を利用できるからである．

sp^{3}d 混成における Xe では，8 個の最外殻電子のうち，6 個は三角形をつくる 3 個の混成軌道に非共有電子対をつくって入り，結合には関与しない．結合に関与するのはこの三角形に直交する 2 個の軌道であり，ここには不対電子が入る．この結果，二フッ化キセノン XeF$_2$ は直線形の分子となる．

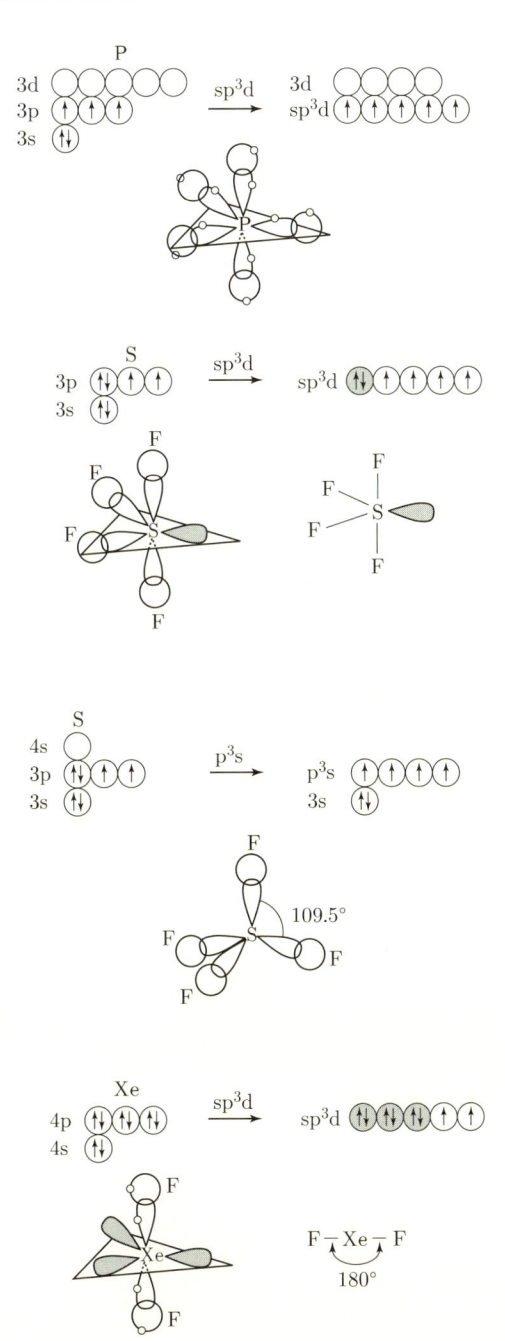

11.4 sp³d 混成軌道による結合

11.5 sp^3d^2 混成軌道による結合

6個の原子軌道が混成してつくった6個の混成軌道である．軌道の配置は四角両錐形である．

（1） SH_6 の構造

この混成による典型的な化合物は六水素化硫黄 SH_6 である．S の 6 個の価電子は 6 個の混成軌道に入って 6 個の不対電子となる．この構造は四角両錐形であり，6本の S–H 結合はすべて等価である．

（2） XeF_4 の構造

sp^3d^2 混成におけるキセノン Xe の電子配置は図の通りである．すなわち，四角形に直交する 2 個の混成軌道に 4 個の価電子が 2 組の非共有電子対をつくって入る．一方，四角形を構成する 4 個の軌道には残り 4 個の価電子が不対電子として入って，結合を構成する．この結果，四フッ化キセノン XeF_4 は平面四角形の分子となる．

（3） sp^3d^3 混成軌道

七フッ化ヨウ素 IF_7 の I は sp^3d^3 混成をとっている．この混成軌道は7個あるが，そのうち 5 個は平面上に五角形をとって並び，残り 2 個はこの平面に直交して七角両錐形となる．ヨウ素の 7 個の価電子はこれらの軌道に 1 個ずつ入って不対電子となり，7 本の I–F 結合を形成する．

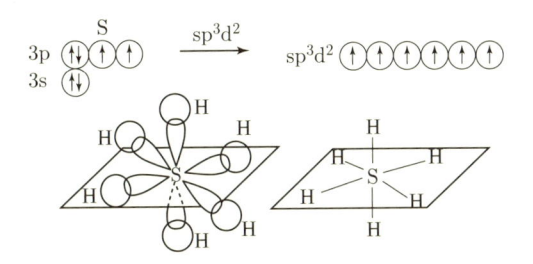

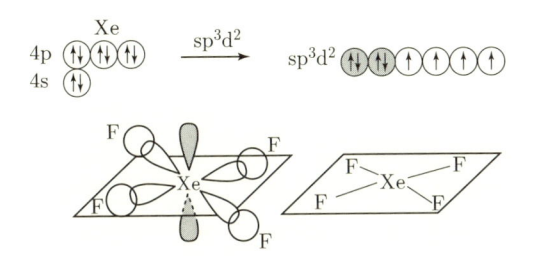

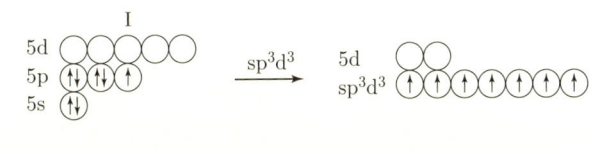

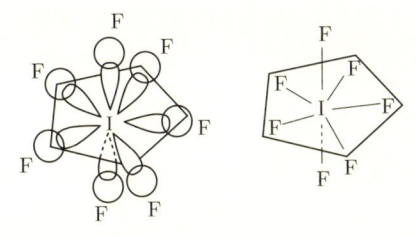

11.5 sp³d² 混成軌道による結合

12. 無機化合物のπ結合

無機化合物の結合にもπ結合が存在する．π結合が関与した無機化合物の結合をみてみよう．

12.1 二重結合をもつ無機化合物

典型的なπ結合，すなわち二重結合をもつ無機化合物をみてみよう．

(1) N=N二重結合

N=N二重結合をもつ典型的な化合物は二フッ化二窒素F_2N_2である．この分子のNはsp^2混成である．5個のL殻電子のうち2個は混成軌道の1個に非共有電子対として入り，残り3個は不対電子として2個の混成軌道と1個のp軌道に入る．

結合状態はエチレンの場合と同様に，混成軌道でできたσ結合と，p軌道でできたπ結合とで二重に結合する．2個の窒素上にあるこの混成軌道の向きによってシス体とトランス体が生成することになる．

(2) B=N二重結合

B=N二重結合をつくるBとNはsp^2混成である．電子配置は図に示す通りである．問題はπ結合をつくるp軌道である．Bでは電子の入っていない空軌道であり，Nでは非共有電子対が入っている．したがって，この2つの軌道の間の結合は，配位π結合である．

この結果，NはBに電子を渡すので正に荷電し，一方で電子をもらったBは負に荷電するので，分子は極性分子となる．

(3) ボラジンの構造

環状共役系のボラジンは3個のB=N二重結合からできたものであり，3個のC=C二重結合が環状構造をとったベンゼンと電子的に同じ(等電子的)構造である．ボラジンは環内に6個，すなわち$4n+2$個のπ電子をもつので芳香族化合物である．

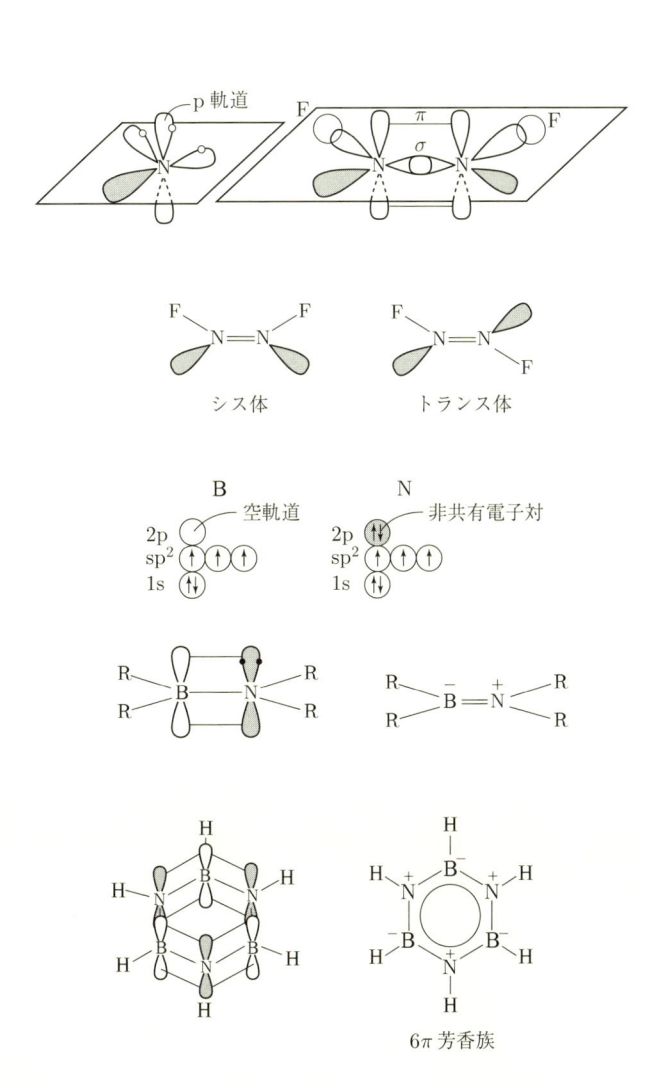

12.1 二重結合をもつ無機化合物

シス体　トランス体

6π芳香族

12.2 付随的な π 結合

基本的には一重結合であるが，非共有電子対の存在によって配位結合的な π 結合が生成することがある．

(1) 塩化ベリリウム BeCl$_2$ の結合

塩化ベリリウム BeCl$_2$ の基本的な結合は水素化ベリリウム BeH$_2$ と同じように，Be が sp 混成をし，その混成軌道と Cl の p 軌道が σ 結合をしたものであり，分子の形は直線形である．

しかし，Cl には電子対の入った p 軌道があり，一方 Be には空の p 軌道が 2 個ある．これは両者の間で配位 π 結合が生成するのに十分な条件である．結合は中央の Be から 2 本の二重結合が出た形で，アレンの結合と同じ形である．

この結果，π 結合だけ考えれば，電子を供給した Cl は正に荷電し，電子を受け取った Be は負に荷電する．しかし，σ 結合に基づく分極は電気陰性度の大きい Cl をマイナスにする．このような事情は置換基効果の誘起効果と共鳴効果の関係と同じものである．

(2) 三塩化ホウ素 BCl$_3$ の結合

上と同様の事情は，三塩化ホウ素 BCl$_3$ にも起こる．sp^2 混成の B には 1 個の空 p 軌道がある．この空 p 軌道と 3 個の Cl の非共有電子対の間で配位 π 結合が形成される．

これは B の 1 個と Cl の 3 個，合計 4 個の p 軌道からできる結合で四中心 π 結合とでも言うべきものである．このような π 結合は有機化合物の共役系では珍しくもないが，問題は π 電子数である．

このような場合，標準的な有機化合物では 4π 電子となるが，ここに存在する π 電子は Cl の非共有電子対 3 組分，合計 6 個である．したがって，四中心六電子結合となっている．

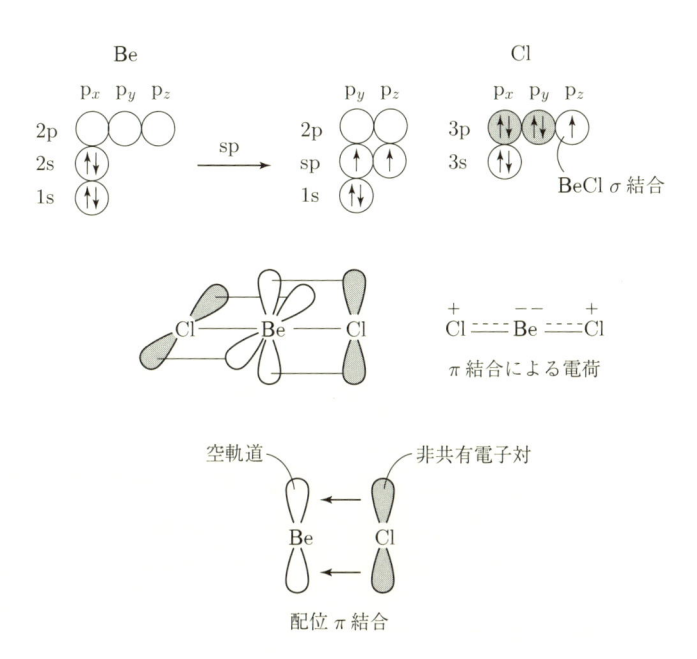

12.2 付随的な π 結合

Be

2p ◯ ◯ ◯ p_x p_y p_z
2s ⥮
1s ⥮

→ sp →

2p ◯ ◯ p_y p_z
sp ↑ ↑
1s ⥮

Cl

3p ⥮ ⥮ ↑ p_x p_y p_z
3s ⥮

BeCl σ 結合

Cl—Be—Cl

$^+$ Cl ---- $^{--}$Be ---- $^+$Cl

π 結合による電荷

空軌道 ← 非共有電子対

Be ← Cl

配位 π 結合

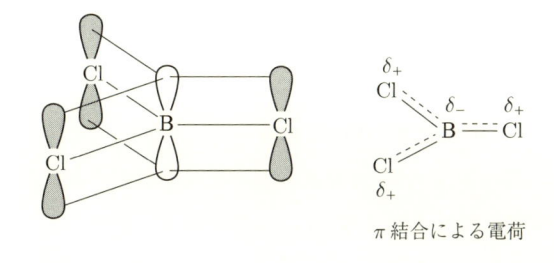

δ_+ Cl
δ_- B — Cl δ_+
Cl
δ_+

π 結合による電荷

12.3 三中心 π 結合

前章でみた一重結合の場合と同様に，二重結合にも3原子の間に広がるものがある．これはアリルの π 結合と同等である．

(1) オゾン O_3 の結合

オゾン O_3 は3個の原子からなる分子であり，二酸化炭素やアレンの結合を連想させる．しかし，これらの分子が直線形なのに対して，オゾンはくの字形に曲がった分子である．すなわち，中央の酸素は sp 混成ではありえないということである．

オゾンの中央の酸素は sp^2 混成である．電子配置は図に示すように，1個の混成軌道と p 軌道に非共有電子対が入っている．一方，両端の酸素は基底状態であり，2個の p 軌道に不対電子が入っている．

オゾンの結合は次のようなものである．すなわち，中央の酸素は2個の混成軌道で両端の酸素と σ 結合をする．そして，非共有電子対の入った p 軌道で，両端の酸素の不対電子の入った p 軌道と三中心型の π 結合をつくる．π 電子数は4個となるので，三中心四電子 π 結合である．

(2) 二酸化硫黄 SO_2 の結合

二酸化硫黄 SO_2 の結合は，S の最外殻が N 殻であることを除けば，オゾン O_3 の結合とまったく同様に考えてよい．

すなわち，S の非共有電子対の入った p 軌道は O の不対電子の入った p 軌道と共役して三中心四電子型の π 結合をつくる．

(3) 二酸化窒素 NO_2 の結合

二酸化窒素 NO_2 の窒素も sp^2 混成である．非共有電子対が p 軌道に入ると，SO_2 と同じように三中心四電子 π 結合ができる．そして，窒素の混成軌道の1個には不対電子が残ることになる．不対電子は反応性が高く，これをもつ分子はラジカルとよばれ，不安定である．

また，N の非共有電子対を混成軌道に入れると，三中心 π 結合を構成する電子数は3個となり，三中心三電子 π 結合となる．これはアリルラジカルと同じ結合であり，やはりラジカルである．

12.3 三中心 π 結合

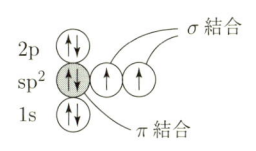

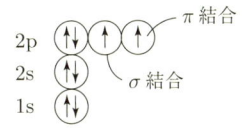

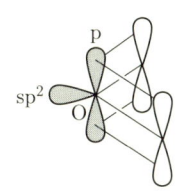

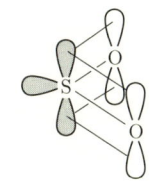

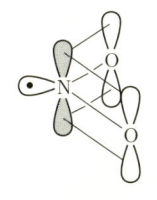

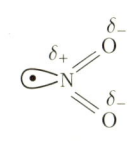

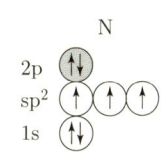

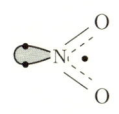

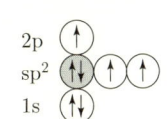

12.4 d軌道の関与するπ結合とδ結合

無機化合物の結合の特色はd軌道が関与することである．ここでは，d軌道が関与するπ結合とδ(デルタ)結合をみてみよう．

（1）π結合

前章では，σ結合において，d軌道が混成軌道を通じ関与することをみた．π結合でもd軌道が関与する．しかし，その関与の仕方は，σ結合の場合よりもっと直接的である．

◆ p-d間π結合

p軌道とd軌道の間にできる結合である．しかし，多くの場合には，結合といわれるほどエネルギーは強くないので，相互作用として処理されることが多い．次章でみる錯体の結合や性質を解釈，説明する際に用いられる．

◆ d-d間π結合

2個のd軌道が同じ平面に乗り，2か所で接した結合である．

（2）δ結合

d軌道の特色が最も端的に現れた結合である．2個のd軌道の間に形成される結合である．ただし，上のd-dπ結合と異なり，2個のd軌道が平行を保ったまま接する．この結果，結合電子雲は結合軸のまわりの上下左右4か所に分かれて存在することになる．これは，アセチレンや窒素などの三重結合におけるπ結合と同じ状態である．したがって，互いに流れ寄って円筒形のδ電子雲となっていると考えてよい．

12.4 d軌道の関与するπ結合とδ結合

π結合

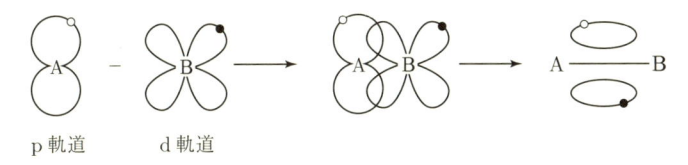

p軌道　d軌道

d軌道　d軌道

δ結合

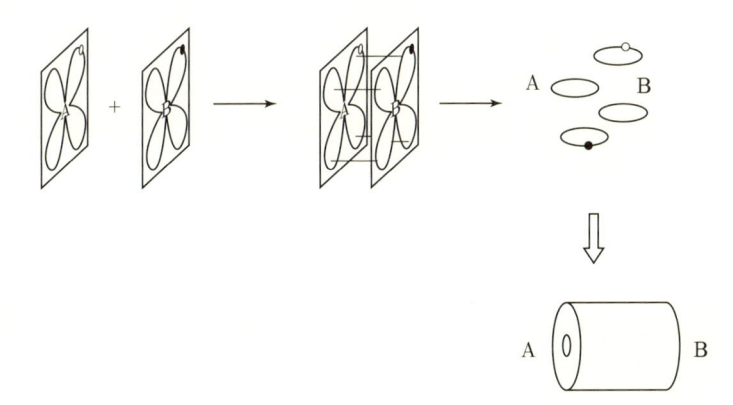

12.5 有機金属化合物の結合理論

　金属を含む有機化合物を有機金属化合物という．結合が問題になるのは金属が遷移金属の場合が多い．このような有機金属化合物の結合には2つの要素が大きく影響する．1つは遷移金属のもつd軌道であり，もう1つは有機分子のもつ反結合性軌道である．ここでは，反結合性軌道とはどのようなものかについてみてみよう．

(1) 分子軌道のエネルギー

　前のところで，水素原子が結合して分子軌道をつくる過程をみた．図はその過程のエネルギー関係を示すものである．エネルギーの基準は水素原子の1s軌道エネルギーであり，これをクーロン積分といい，αとする．

　図には2本の曲線が描かれている．下の曲線は，原子が近づくにつれてエネルギーが低下している．そして，距離r_0で極小を経た後，さらに近づくと，原子核の反発が起きてエネルギーは高くなる．このr_0が分子の結合距離である．一般に，極小値のエネルギーを$\alpha+\beta$で表す．βは共鳴積分とよばれる量であり結合エネルギーに対応する．安定な分子をつくるので結合性軌道とよばれる．

　それに対して，上の曲線は原子間距離が短くなるにつれて一方的に上昇する．そして，分子間距離r_0で$\alpha-\beta$となる．この曲線は分子を不安定にするものであり，結合に関与しないので反結合性軌道という．

(2) 分子軌道の形

　σ結合，π結合について，エネルギーと軌道の形を図に示す．また，反結合性軌道は "*" をつけて，σ^*, π^*で表す．

　分子軌道の形は，その軌道に入った電子がつくる電子雲の形に対応する．結合性軌道では電子雲は2個の原子の間にあって原子を結合させているが，反結合性軌道では外側にあって結合に関与していない．

　通常状態の分子は基底状態であり，σ結合，π結合を構成するそれぞれ2個ずつの結合電子は結合性軌道に入るので，反結合性軌道は空(空軌道)となっている．

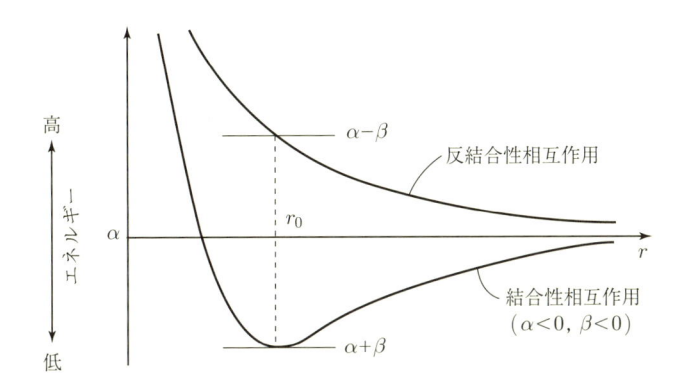

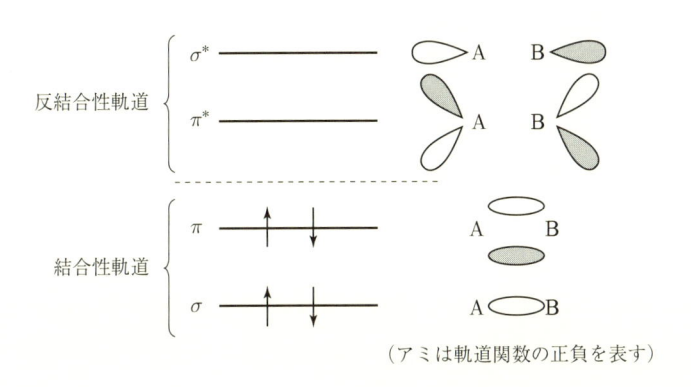

12.5 有機金属化合物の結合理論

反結合性相互作用

結合性相互作用
($\alpha < 0, \beta < 0$)

反結合性軌道 { σ^*, π^* }

結合性軌道 { π, σ }

（アミは軌道関数の正負を表す）

12.6 遷移金属とC=Cの結合

遷移金属の関与する有機金属化合物の結合の基本は，C=Cとの結合である．

(1) C=C二重結合との結合

図Aは遷移金属とC=C二重結合の結合を模式的に表したものである．

◆ 電子供与

図Bは，図Aの結合を具体的に表したものである．まず，金属の空のd軌道(図では$d_{x^2-y^2}$)と二重結合の結合性π軌道が軌道重なりを起こす．この結果，結合性π軌道の電子がd軌道に流れ込み，金属と有機物の間に結合が生じる．これを配位σ結合といい，このように有機物から金属へ電子が流れ込むことを電子供与という．

◆ 逆供与

金属の他のd軌道は二重結合の反結合性π軌道，すなわちπ*軌道と重なることができる．この結果，もしこのd軌道に電子が入っていれば，その電子はπ*軌道に流れ込むことができる．

このように，金属から有機物へ電子が流れ込むことを逆供与という．これは，p-d間のπ結合に相当するので配位π結合である．

(2) 有機分子の反応性向上

電子供与は，有機分子の結合性π軌道の電子が金属へ移動することである．この結果，有機分子のπ結合は弱くなる．一方，逆供与は反結合性π軌道に電子が入ることであり，これもまた有機分子のπ結合を弱めることになる．

したがって，有機分子は金属と結合することによって，π結合を弱めている．この結果，金属と結合した有機分子は試薬の攻撃を受けやすくなり，反応性が向上する．有機金属化合物の特殊な反応性の原因は，このように有機分子のπ結合が変質することにある．

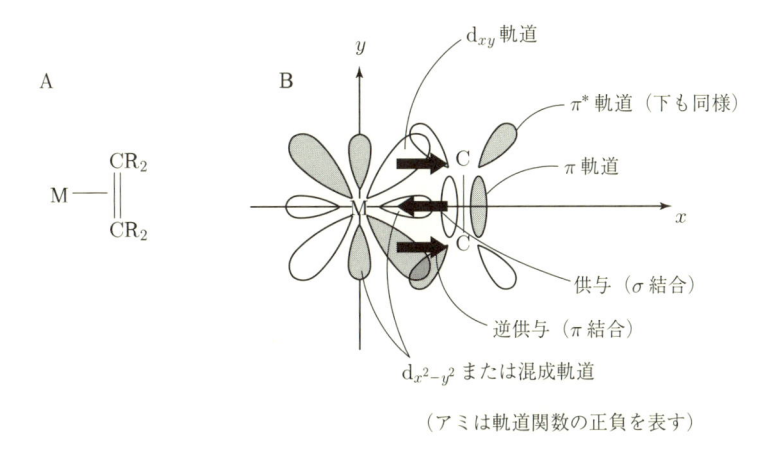

12.6 遷移金属とC=Cの結合

A

M—||CR₂
   CR₂

B

d_{xy}軌道
π^*軌道（下も同様）
π軌道
供与（σ結合）
逆供与（π結合）
$d_{x^2-y^2}$または混成軌道

（アミは軌道関数の正負を表す）

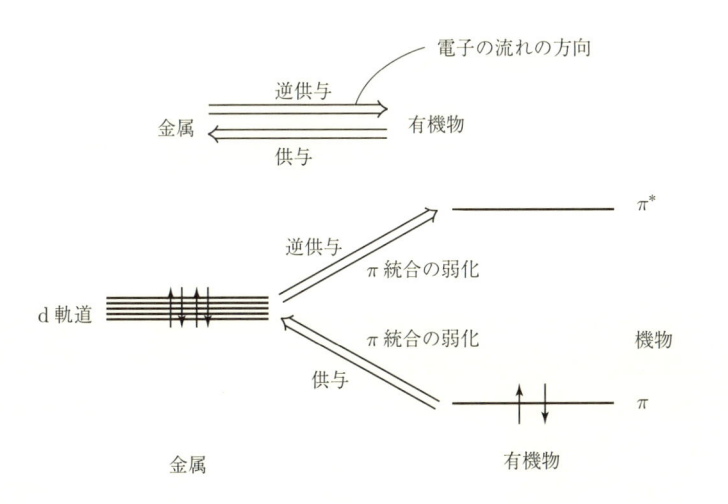

電子の流れの方向
逆供与
金属 ⇄ 有機物
供与

d軌道
逆供与
π統合の弱化
供与
π統合の弱化

π^*
機物
π

金属   有機物

12.7 遷移金属と C=O の結合

一酸化炭素 C=O は有機金属化合物の重要な構成分子である．

(1) C=O の結合状態

C=O の結合は 8.2 節でみたが，ここでは別の見方をしてみよう．つまり，C=O を構成する炭素を sp 混成状態とする．

この場合の電子配置は図のようになる．すなわち，1 個の混成軌道に非共有電子対が入る．一方，酸素は混成しない基底状態のままである．

C=O の結合状態は図の通りである．炭素の混成軌道と酸素の p_x 軌道の間で σ 結合が形成される．また，炭素と酸素の p_z 軌道の間で π 結合が形成される．しかし，炭素の空の p_y 軌道と酸素の非共有電子対の入った p_y 軌道も互いに平行になっており，この両者は配位 π 結合を構成することになる．

この結果，C-O 間は σ 結合，π 結合，配位 π 結合によって三重に結合することになる．しかし，配位 π 結合によって酸素の電子が炭素に流れ込むので，炭素が負に荷電し，酸素が正に荷電する．

(2) C=O 二重結合との結合

図 A は遷移金属と C=O の結合である．すなわち，炭素の混成軌道にある非共有電子対が，金属の d 軌道に電子供与をし，供与性 σ 結合をつくる．一方，d 軌道と C=O の π^* 軌道も軌道重なりを生じることができ，d 軌道電子を C=O に送り込む，すなわち逆供与性 π 結合をつくる．

この結果，金属と C=O の C は，供与性 σ 結合と逆供与性 π 結合とで二重に結合することになる．図 B は遷移金属と C=O のこのような結合を模式的に表したものである．このように，C=O 二重結合と C=C 二重結合は同じ二重結合とは言うものの，遷移元素に対する結合の様式はまったく異なっている．

なお，逆供与によって C=O に流れ込んだ電子は反結合性 π^* 軌道に入るので，C=O 二重結合は弱くなり，反応性が高くなる．

12.7 遷移金属とC≡Oの結合

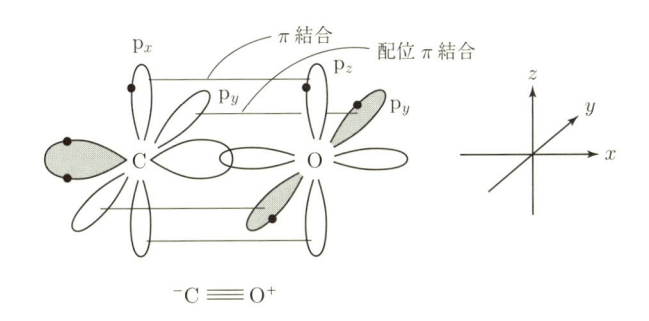

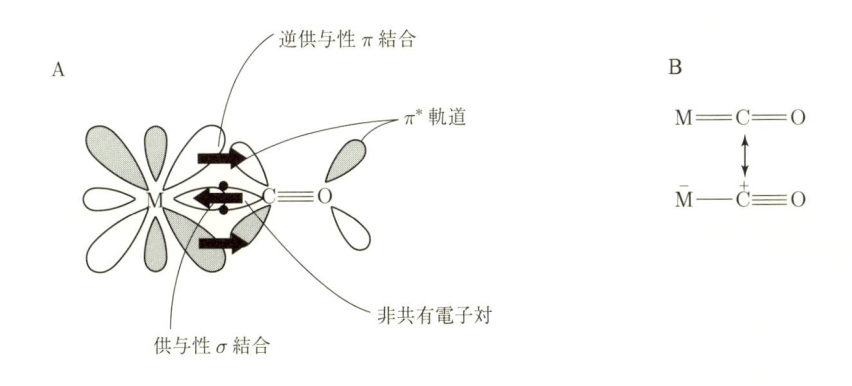

基底状態のC

2p ↑ ↑ ○
2s ↑↓
1s ↑↓

sp混成 →

　　　　p_y　p_z
2p ○　↑
2s ↑↓　↑
1s ↑↓

基底状態のO
p_x p_y p_z
2p ↑ ↑↓ ↑
2s ↑↓
1s ↑↓

π結合　　配位π結合

p_x　p_z
　　p_y　　　p_y

C　　　O

$^-$C≡O$^+$

A

逆供与性π結合
π*軌道

M　C≡O

供与性σ結合
非共有電子対

（アミは軌道関数の正負を表す）

B

M=C=O
↕
$\bar{M}$—$\overset{+}{C}$≡O

12.8 遷移金属とN≡Nの結合

窒素と金属の結合は，ハーバー-ボッシュ法における金属触媒と窒素の間で形成されるものとしてよく知られ，金属触媒存在下で，窒素と水素から直接アンモニアを合成する方法である．

(1) 窒素分子の結合状態

窒素分子の結合は，C=Oと同様に，金属との反応を解析する場合には，前にみた結合とは異なった結合で考えた方がよい．

ここでは，窒素をsp混成とする．電子配置は図の通りであり，混成軌道の1つに非共有電子対が入っている．窒素は混成軌道を重ねてσ結合をつくり，p_y軌道同士，p_z軌道同士で2本のπ結合を構成して三重結合となる．

(2) サイドオン型配位

窒素と遷移金属の結合は2種類ある．サイドオン型とエンドオン型である．

サイドオン型は，C=C二重結合と金属との結合と同様である．すなわち，N≡N三重結合の結合性π軌道と金属のd軌道の間に供与性σ結合が生成し，反対に金属のd軌道とN-N結合の反結合性π軌道の間に逆供与性π結合が生成する．

(3) エンドオン型配位

エンドオン型は，C=O二重結合と金属との結合と同様である．すなわち，窒素上の非共有電子対と金属のd軌道が供与性σ結合をつくり，金属のd軌道と窒素の反結合性π軌道の間に逆供与性π結合ができる．

サイドオン型，エンドオン型のどちらの場合でも，窒素分子の反結合性π軌道に電子が入る．この結果，窒素のπ結合は結合次数が落ち，弱まった結果，反応性が高くなる．これが，三重結合という強固な結合で結合し，安定な分子であるはずの窒素分子が，遷移金属存在下で反応性を高める理由になっている．金属触媒の根本的な作用機構の1つである．

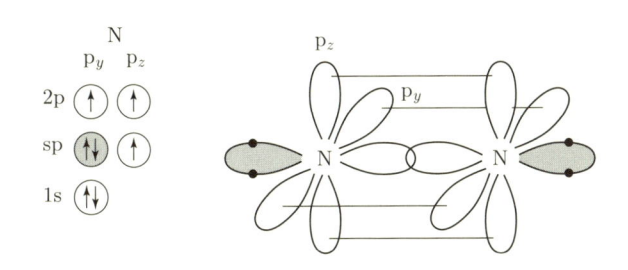

12.8 遷移金属と N≡N の結合

サイドオン型

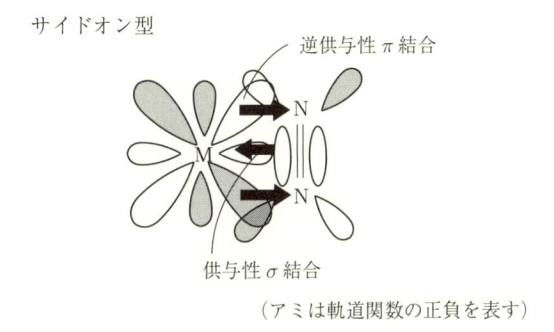

逆供与性 π 結合
供与性 σ 結合

（アミは軌道関数の正負を表す）

エンドオン型

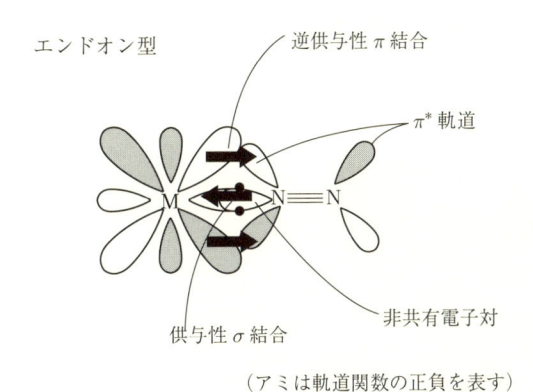

逆供与性 π 結合
π* 軌道
非共有電子対
供与性 σ 結合

（アミは軌道関数の正負を表す）

13. 錯体の結合

　錯体は有機金属化合物の一種であり，金属と有機物が組み合わさった化合物である．錯体はヘモグロビンやクロロフィルなど，生体において重要な役割をしている．錯体は色彩をもっていることが多く，また磁性をもっていることもある．したがって，錯体の結合を解析するには，このような錯体の性質を合理的に説明できることが重要となる．

13.1　錯体の形

　錯体は中心金属あるいは金属イオンを，配位子とよばれる複数個の分子が取り囲んだ構造をしている．配位子の個数を配位数という．配位子の多くは簡単な構造の有機物であることが多いが，生体にある錯体ではタンパク質など，複雑な構造の分子であることもある．また水やアンモニアなどの無機物，あるいはイオンのこともある．

　錯体の多くは正多面体の形をしている．その結果として，錯体の特徴の1つである美しい構造が現れてくる．図は，水を配位子とした場合のいくつかの錯体の構造を示したものである．

(1) 平面四角形

　代表的な構造として平面四角形がある．金属を中心とした平面四角形の頂点に配位子が存在している．どのような構造の錯体であっても，水分子は常に酸素を金属に向けている．

(2) 正四面体形

　正四面体形では，メタンのように，中心に金属があり，そこから，互いに109.5°の方向に4個の水分子が配置される．

(3) 正八面体形

　正八面体形では，6個の配位子をもった錯体に固有の構造である．配位子は，金属を原点とした直交座標軸上にあり，すべて中心金属から等距離に配置される．

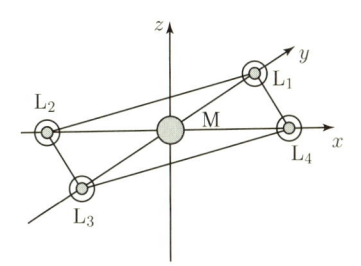

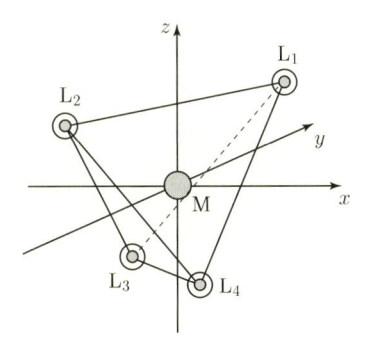

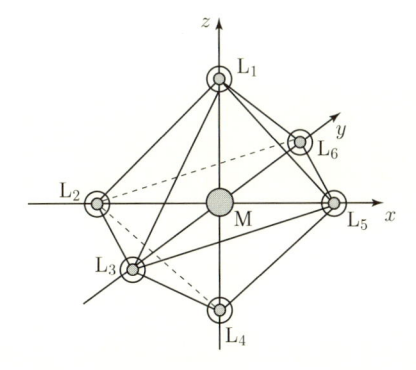

13.1 錯体の形

13.2 混成軌道モデル

錯体の構造を解析するにはいくつかの方法がある．混成軌道モデル，結晶場モデル，分子軌道モデルなどである．

（1） 錯体の結合の解析法

最も優れているのは分子軌道モデルであるが，この方法は分子軌道計算に頼るもので，視覚的，直感的にわかりづらいという難点がある．

混成軌道モデルは，有機物の構造解析で実績のある混成軌道を用いるので，分子の形が明瞭に現れる．しかし，この方法では，説明できる現象が限定される．分子の形と物性を密接に関連させながら錯体の性質を説明し，しかも理解しやすいのは結晶場モデルである．

ここでは，錯体の構造を扱う最初の節として，混成軌道モデルについてみてみよう．

（2） 混成軌道モデルと配位結合

混成軌道モデルでは，錯体を配位結合で構成されたものと考える．金属が空軌道を用意し，配位子が非共有電子対を出す．したがって，非共有電子対をもたない分子，イオンは配位子になることはできない．

金属は各種の軌道を混成させて，配位子の非共有電子対を受け入れる空軌道を用意する．

（3） 混成軌道と錯体の形

前節でみた錯体の典型的な形には，それぞれ混成軌道が決まっている．

正四面体形の錯体を与える軌道は，メタンの場合と同様に sp^3 混成軌道である．

平面四角形の錯体を与える軌道は，d 軌道が関与した dsp^2 か sp^2d 混成軌道である．dsp^2 と sp^2d の違いは，用いる d 軌道が内側の電子殻 (内軌道) か，外側の電子殻 (外軌道) かの違いであり，それについては次節で説明する．

正八面体形の錯体を与える軌道は，d 軌道が 2 個関与した d^2sp^3 か sp^3d^2 混成軌道である．

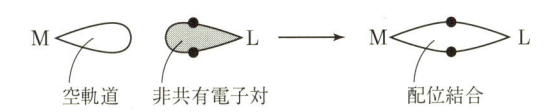

13.2 混成軌道モデル

空軌道　非共有電子対　　配位結合

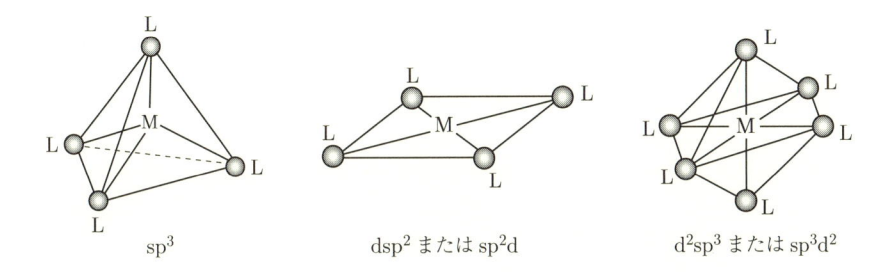

sp³　　　　dsp² または sp²d　　　d²sp³ または sp³d²

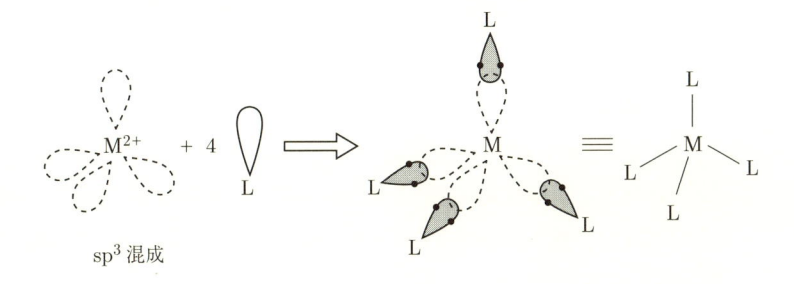

sp³ 混成

13.3 外軌道錯体と内軌道錯体

鉄イオン Fe^{2+} と6個の配位子Lからできた錯体 $[FeL_6]^{2+}$ について考えてみよう．この錯体は正八面体形である．Fe^{2+} は6個の配位子の非共有電子対を受け入れるため，6個の空軌道を用意しなければならない．

(1) 外軌道混成軌道と内軌道混成軌道

正八面体形の錯体が用いる混成軌道は，1個のs軌道，4個のp軌道，2個のd軌道である．

Fe^{2+} の電子は3d軌道までに入っている．したがって，空軌道として用いる混成軌道をつくるためのs, p軌道は4s, 4p軌道に限られる．しかし，d軌道は2種類ある．外側の空の4d軌道と，内側の3d軌道である．どちらを用いても六配位用の混成軌道をつくることができる．

外側の4d軌道を用いた混成軌道を sp^3d^2 混成軌道といい，これを用いる錯体を外軌道錯体という．それに対して，内側の3d軌道を用いたものを d^2sp^3 混成軌道といい，これを用いるものを内軌道錯体という．

(2) 外軌道錯体

水を配位子とした $[Fe(H_2O)_6]^{2+}$ は外軌道錯体である．電子配置は図に示す通りである．4s, 4p, 4d軌道を用いて混成軌道がつくられるため，Fe^{2+} の3d電子の電子配置は自由イオン状態のままである．すなわち，5個のd軌道に6個の電子が入るので，1個の軌道に非共有電子対が入り，不対電子が4個できる．

(3) 内軌道錯体

ニトリルイオン CN^- を配位子とした $[Fe(CN)_6]^{4-}$ は内軌道錯体である．3d軌道2個が混成軌道として使われる．したがって，Fe^{2+} の6個の3d電子は，残りの3個の3d軌道に入らざるを得ない．この結果，3d電子はすべて電子対をつくることになり，不対電子は存在しないことになる．

このように，外軌道錯体と内軌道錯体の違いが現れるのは不対電子の個数についてである．これは分子の磁性に大きな影響をもつ．

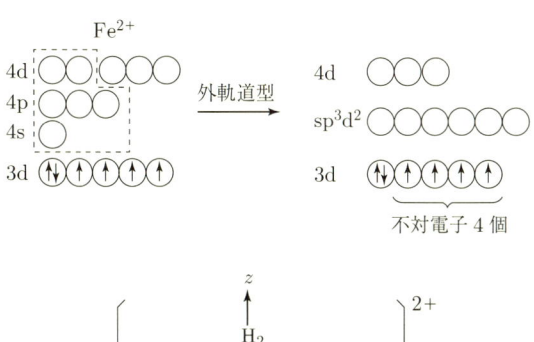

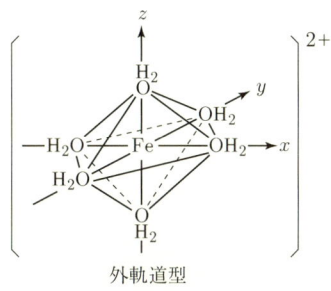

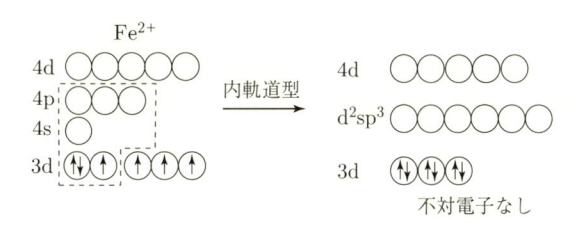

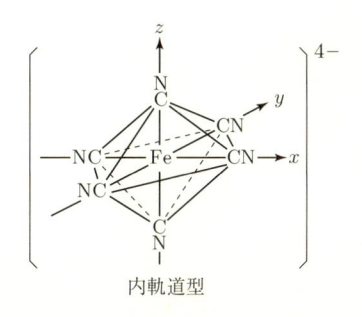

13.3 外軌道錯体と内軌道錯体

Fe²⁺ の電子配置から外軌道型 sp³d² 錯体（不対電子4個）への変化:

- 4d, 4p, 4s, 3d 軌道
- 外軌道型 → sp³d² 混成
- 不対電子 4 個

$[Fe(H_2O)_6]^{2+}$ 外軌道型

Fe²⁺ の電子配置から内軌道型 d²sp³ 錯体（不対電子なし）への変化:

- 内軌道型 → d²sp³ 混成
- 不対電子なし

$[Fe(CN)_6]^{4-}$ 内軌道型

13.4 錯体の磁性

磁性とは簡単に言えば，磁石のようにある種の金属を引き付ける性質，あるいは鉄のように磁石に吸い付く性質である．錯体には磁性をもつものがある．錯体の磁性はなぜ現れるのだろうか．

(1) 磁気モーメント

電子のように電荷をもった粒子が自転すると，自転軸に沿って磁気が現れる．これを磁気モーメント M という．磁気モーメントをもつ物質が磁性をもつことになる．

磁気モーメントには方向があり，荷電粒子の自転方向に応じて反対になる．したがって，反対方向に自転する荷電粒子が組みになると，磁気モーメントは $M - M = 0$ となって消滅する．よって，分子が磁性をもつためには不対電子の存在が条件となる．

共有結合でできた有機分子では，すべての電子が互いに自転方向を反対にした電子対をつくっているので，すべての磁気モーメントが相殺されて $M = 0$ になる．これが，有機分子が磁性をもたない理由である．

(2) 不対電子数と磁性

同じ鉄イオン Fe^{2+} を中心原子にもつ錯体でも，ニトリルイオン CN^- を配位子とした $[Fe(CN)_6]^{4-}$ は磁性をもたず，水を配位子とした $[Fe(H_2O)_6]^{2+}$ は磁性をもつ．この違いは何によるのだろうか．

上でみたように，磁性の有無は不対電子の有無による．錯体の電子配置をみると，内軌道錯体の $[Fe(CN)_6]^{4-}$ では，6個のd電子は3個の3d軌道に入って電子対をつくるので不対電子は存在しない．それに対して，外軌道錯体の $[Fe(H_2O)_6]^{2+}$ では，d電子は5個の3d軌道に散らばって入ることができるので4個の不対電子ができる．

このような電子配置の違いが磁性の違いとなって現れたのである．不対電子の個数と磁性の強弱の関係を表に示す．

錯体の磁性をこのように合理的に説明できたことは，混成軌道モデルの成果の1つである．

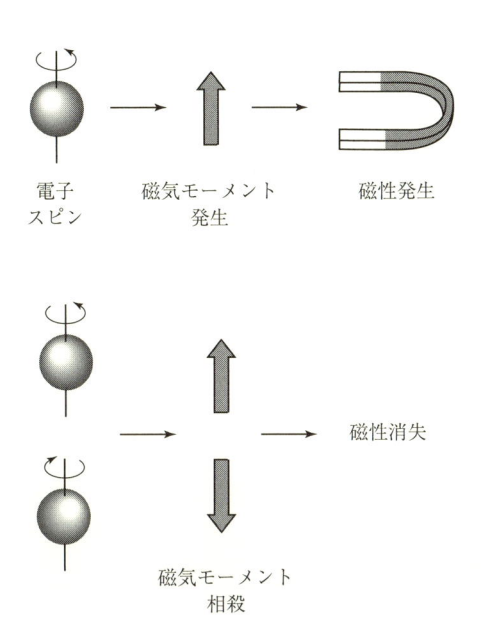

13.4 錯体の磁性

電子スピン → 磁気モーメント発生 → 磁性発生

→ 磁気モーメント相殺 → 磁性消失

イオン	d電子	不対電子	磁性の強さ 理論値	磁性の強さ 実測値
Cr(Ⅱ), Mn(Ⅲ)	4	4	4.90	4.75〜5.00
		2	2.83	3.18〜3.30
Mn(Ⅱ), Fe(Ⅲ)	5	5	5.92	5.65〜6.10
		1	1.73	1.80〜2.50
Fe(Ⅱ), Co(Ⅲ)	6	4	4.90	4.26〜5.70
		0	0	—
Co(Ⅱ), Ni(Ⅲ)	7	3	3.88	4.30〜5.20
		1	1.73	1.80〜2.00
Ni(Ⅱ), Cu(Ⅲ)	8	2	2.83	2.80〜3.50
		0	0	—

13.5 結晶場モデル

　混成軌道モデルは巧みなモデルであるが，理論的な不備もある．その1つは，外軌道型と内軌道型を選択する基準は何かという問題である．「なぜ水 H_2O が配位子だと外軌道型になり，ニトリルイオン CN^- が配位子だと内軌道型になるのか」という疑問に，混成軌道モデルでは答えられない．この問題を解決するのが結晶場モデルである．

(1) 金属–配位子間の結合

　結晶場モデルはスマートでわかりやすいモデルであるが，致命的とも言うべき弱点もある．それは，「このモデルでは金属と配位子の間の結合がどのようなものか」という，いわば根源的な質問に答えようとしないことである．したがって，このモデルでは，金属と配位子の間に特別な結合は考えず，「何か適当なイオン的な引力のようなもの」と考える．

　結晶場モデルで重要視するのは，金属 d 軌道と配位子の位置関係である．そのため，配位子を負に荷電した点電荷とみなす．

(2) d 軌道の形

　結晶場モデルでは，d 軌道の形と方向が重要になる．d 軌道については 1.4 節でみているが，ここで再確認しておこう．

　d 軌道は全部で 5 個あり，その形，方向は図の通りである．d 軌道は電子雲と座標軸の関係によって，e_g 軌道と t_{2g} 軌道の 2 つに分けられる．

　e_g 軌道の 2 個の軌道は，どちらも電子雲が座標軸の上にある．すなわち，$d_{x^2-y^2}$ は x 軸と y 軸上に電子雲があり，d_{z^2} は z 軸上に電子雲がある．一方，t_{2g} 軌道の 3 個の軌道の電子雲はどれも 3 つの軸の間にある．

　図は，d 軌道の形を，方向がよくわかるように描いたものである．

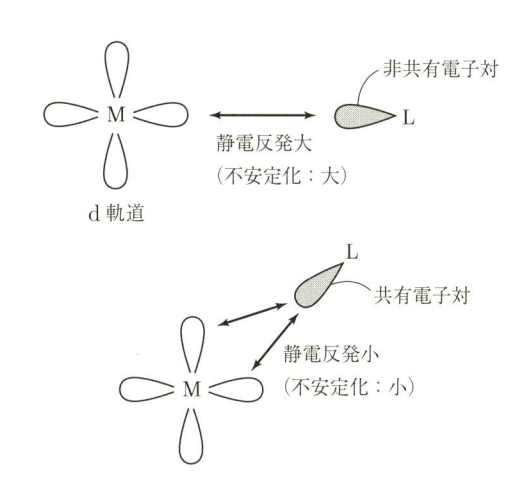

13.5 結晶場モデル

d 軌道

静電反発大
（不安定化：大）

非共有電子対 L

共有電子対 L

静電反発小
（不安定化：小）

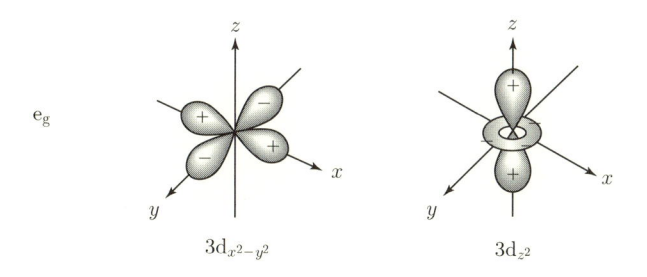

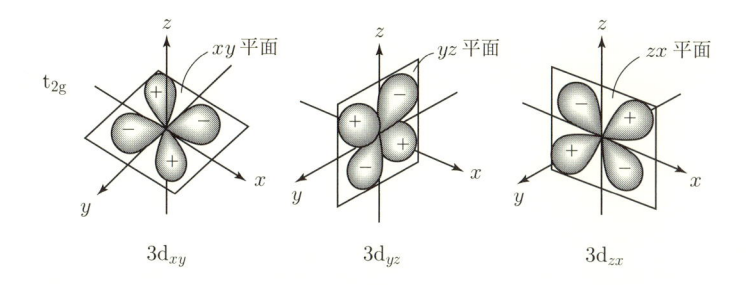

e_g

$3d_{x^2-y^2}$ $3d_{z^2}$

t_{2g}

xy 平面 yz 平面 zx 平面

$3d_{xy}$ $3d_{yz}$ $3d_{zx}$

13.6 d軌道のエネルギー分裂

結晶場理論の中心はd軌道のエネルギー分裂である．正八面体形の錯体を例にとって考えてみよう．

(1) 静電反発

正八面体形の錯体の6個の配位子は，図に示すように，金属を原点とした直交座標の3つの軸上に，原点からの距離を等しく配置されている．

このように配置された配位子と中心金属のd軌道とは，どのような関係になるだろうか．d軌道のうちのどれかの電子雲と配位子の非共有電子対は衝突するように向かい合う．その結果，静電反発を起こして高エネルギー化することになる．

(2) d軌道の分裂

高エネルギー化は，3つの軸上に電子雲をもつe_g軌道で起こることになる．これは，自由イオンの場合には，同じエネルギーをもつ5個のd軌道が，正八面体形の錯体をつくることによって，高エネルギーのe_g軌道と低エネルギーのt_{2g}軌道に分裂することを意味する．

このようなエネルギー分裂は，配位子の位置，すなわち，錯体の形によって変化する．いくつかの錯体において，d軌道がどのように分裂するかを図に示す．

(3) 分光化学系列

正八面体形の錯体では，d軌道が分裂し，高エネルギーのe_g軌道と低エネルギーのt_{2g}軌道ができる．しかし，両者のエネルギー差ΔEがどれくらいになるかはわからない．

分裂によるエネルギー差ΔEの大きさは，配位子によって決まる．その大きさの順序は実験的に求められていて，それを分光化学系列という．図の左側のものほど分裂の度合いが大きくなる．

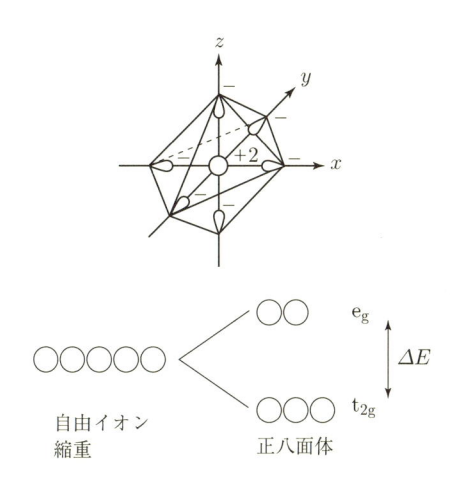

13.6 d軌道のエネルギー分裂

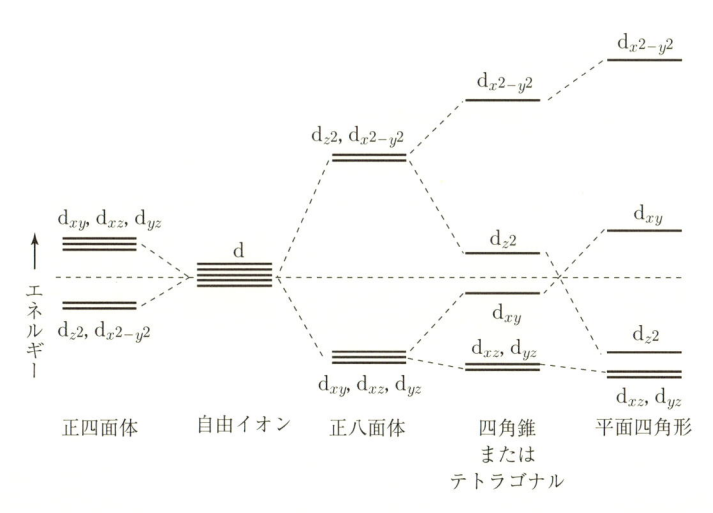

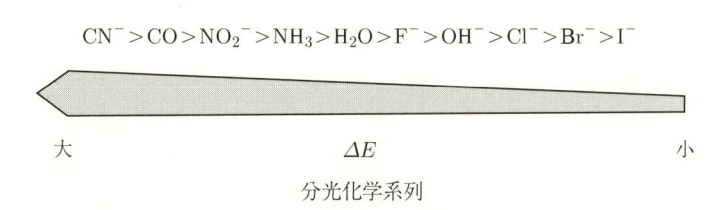

$$CN^- > CO > NO_2^- > NH_3 > H_2O > F^- > OH^- > Cl^- > Br^- > I^-$$

大　　　　　　　ΔE　　　　　　　小

分光化学系列

13.7 錯体の電子配置と磁性

エネルギー分裂を起こしたd軌道にd電子を入れるときは，電子の"入室規則"が適用される．すなわち，エネルギーの低い軌道から順に入っていく．

(1) 電子配置

正八面体形の錯体では，d軌道は低エネルギーのt_{2g}軌道と高エネルギーのe_g軌道に分裂し，そのエネルギー差はΔEである．

Fe^{2+}を例にとって電子配置をみてみよう．このイオンのd電子は6個である．配置には次のA, Bの2通りがある．

A. 低エネルギーの3個のt_{2g}軌道に6個を入れるものであり，この場合には不対電子はなくなる．

B. エネルギー差に関係なく，5個のd軌道に6個の電子を入れるものであり，この場合には不対電子は4個となる．

(2) エネルギー差と電子配置

軌道エネルギーだけで比較したら配置Aの方が安定である．しかし，電子スピンの方向が揃った配置には特別の安定性がある．このような安定性を考慮に入れると，単純にAが安定とは言い切れなくなる．結局はΔEの大きさによることになる．

したがって，ΔEが十分に大きければAが安定であり，ΔEが小さければBが安定となる．そして，ΔEを決定するのは配位子の分光化学系列である．分光化学系列で最大のCN^-が配位子ならばAが安定となり，中くらいの水の場合にはBとなる．

(3) 分光化学系列と不対電子数

したがって，CN^-を配位子とする錯体は不対電子をもたず，H_2Oを配位子とする錯体は不対電子を4個もつことになる．これは混成軌道モデルの結論と同じである．

13.7 錯体の電子配置と磁性

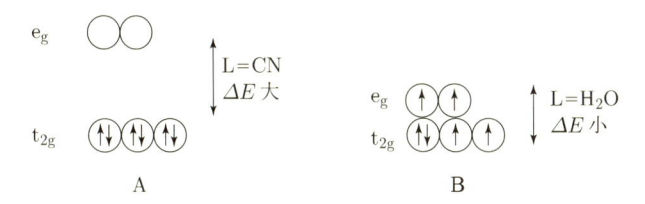

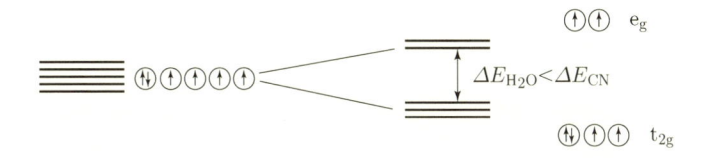

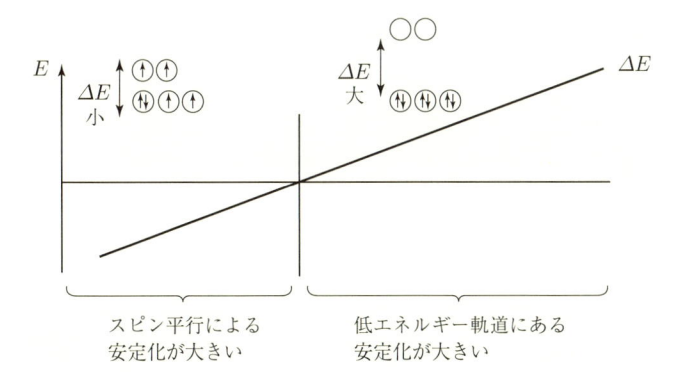

13.8 錯体の色彩

錯体の特徴の1つは，固有の色彩をもつことが多いことである．錯体の色彩をみる前に，分子が色彩をもつ呈色の原理をみてみよう．

(1) 発光と光吸収

赤いバラもネオンサインも同じように赤い．しかし，両者の間には決定的な違いがある．ネオンサインは暗い所でも赤く見えるが，バラは暗くなったら目に見えない．

ネオンサインは自分で赤い光を発光するから，光のない所でも赤く見える．それに対して，バラは光を出さない．光源から来た光を反射するだけである．バラが赤いのは，バラの反射する光が赤いからである．

しかし，バラに射しかかる光は無色の白色光である．なぜ無色の光がバラに反射すると赤くなるのだろうか．

(2) 光吸収と呈色

光は電磁波の一種であり，波長と振動数をもつ．図に電磁波と波長の関係を表す．波長 400～800 nm の電磁波が可視光線となり，この領域に虹の7色すべてが入っている．つまり，この7色をすべて混ぜると白色光になる．

これは逆に言うと，白色光からどれかの色の光を除いたら，残りの光は白くない，つまり色が着くことを意味する．バラの赤い色はまさしくこの原理に基づくものである．

(3) 補色の色

図は色相環である．虹の7色に相当する光がその波長とともに描いてある．中心を挟んで反対側にある色を互いに補色という．

色相環の優れた点は，白色光から光を除いた場合に，残った光が何色に見えるかを教えてくれることである．それによれば，白色光からある色の光を除いたら，残った光はその補色に見えるのである．つまり，バラが赤く見えるのはバラが青緑の光を吸収したからである．

13.8 錯体の色彩

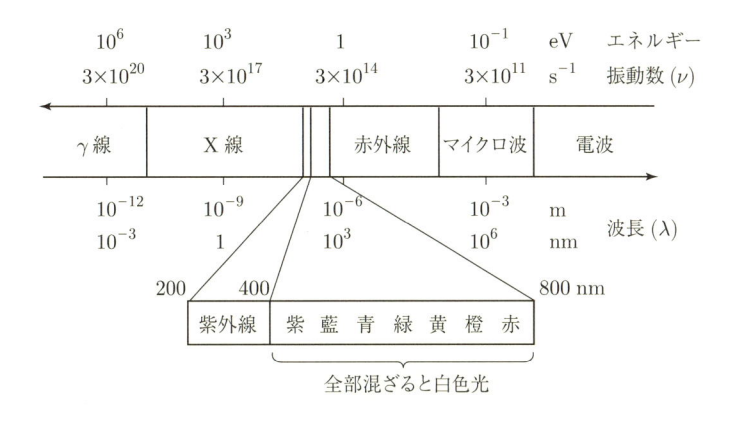

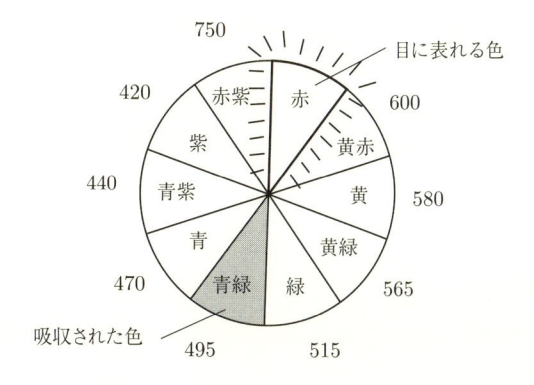

	10^6	10^3	1	10^{-1}	eV	エネルギー
	$3×10^{20}$	$3×10^{17}$	$3×10^{14}$	$3×10^{11}$	s^{-1}	振動数 (ν)

γ線	X線		赤外線	マイクロ波	電波

	10^{-12}	10^{-9}	10^{-6}	10^{-3}	m	波長 (λ)
	10^{-3}	1	10^{3}	10^{6}	nm	

200　400　　　　　　　　　　　800 nm

紫外線	紫	藍	青	緑	黄	橙	赤

全部混ざると白色光

13.9 d軌道分裂と錯体の色彩

分子に光が照射されると，そのエネルギーを吸収するのは電子である．錯体の場合には，d電子が吸収する．

(1) 3d電子の光吸収

Fe^{2+} の6配位錯体で考えれば，3d軌道は13.7節でみたように分裂している．錯体に光が照射されると，そのエネルギーを吸収するのは t_{2g} 軌道の電子である．そして，そのエネルギーを使って高エネルギーの e_g 軌道に移動(遷移)する．

つまり，錯体はd軌道の分裂エネルギー ΔE をもつ光を選択的に吸収する．この結果，錯体は色彩をもつことになり，その色彩は配位子の分光化学系列に従って変化する．

(2) 実際の錯体の色彩

◆ 配位子と色彩

グラフは，同じ金属イオン Ni^{2+} を用いた2種の錯体 A: $[Ni(H_2O)_6]^{2+}$ と B: $[Ni(en)_3]^{2+}$ の光吸収の様子を，紫外可視吸収スペクトルで表したものである．配位子enは，1分子中に2個のアミノ基 NH_2 をもつ2座配位子であり，2個の NH_3 と同等と考えてよい．

各スペクトルは a, b, c の3つの山からできているが，どれもBが短波長側(高エネルギー側)に出ている．これは分光化学系列において NH_3 が H_2O より大きいことと一致する．この結果，Aは緑色，Bは赤紫色に見えることになる．

◆ 配位数と色彩

Co^{2+} と水の4配位錯体 A: $[Co(H_2O)_4]^{2+}$ は青色，6配位錯体 B: $[Co(H_2O)_6]^{2+}$ はピンク色である．Aは正四面体形であり，ΔE が正八面体形のBより小さい．そのため，Aの方が長波長の光を吸収するので青く，Bが赤く見える．シリカゲル乾燥剤に含まれるインジケーター粒子の色彩変化はこの現象を利用したものである．

13.9 d軌道分裂と錯体の色彩

A：$[Ni(H_2O)_6]^{2+}$

B：$[Ni(en)_3]^{2+}$

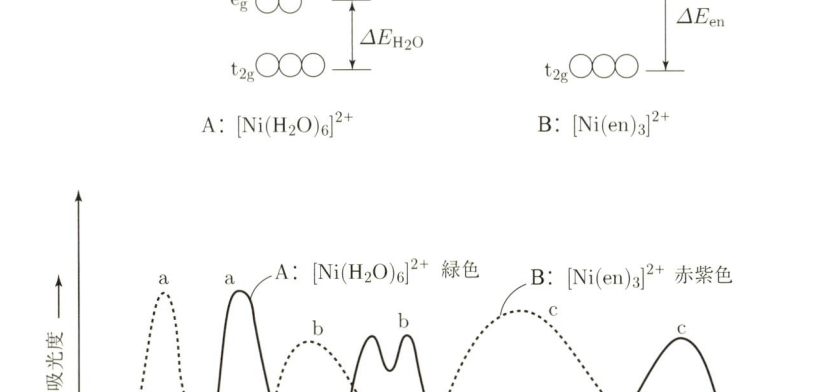

ΔE_{H_2O}

ΔE_{en}

A：$[Ni(H_2O)_6]^{2+}$ 緑色

B：$[Ni(en)_3]^{2+}$ 赤紫色

吸光度

可視領域

en：$H_2N \cdot CH_2 \cdot CH_2 \cdot NH_2$ (ethylenediamine)

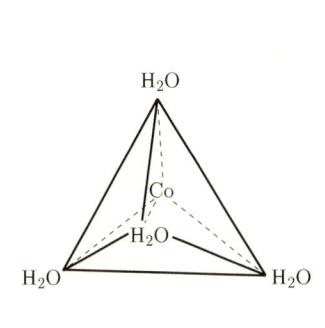

A：$[Co(H_2O)_4]^{2+}$ 青色

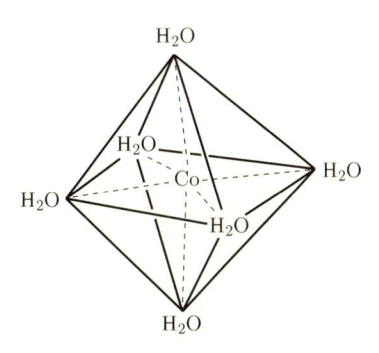

B：$[Co(H_2O)_6]^{2+}$ ピンク色

13.10　分子軌道法モデル

分子軌道法の最大の長所は物性を定量的に説明できることである.

(1)　原子軌道

分子軌道法は分子の解析を, 分子軌道に基づく分子軌道計算を用いて行う. 一般に, 分子軌道は分子を構成する原子の原子軌道を使って組み立てる. 錯体の場合, 分子軌道に用いられる軌道は, 中心金属の原子軌道と配位子の軌道である.

錯体の分子軌道法の特徴は, 配位子の原子軌道を混成して混成軌道にすることである. 正八面体形の錯体の場合, 混成軌道は下図の右側に書いてある E_g, A_{1g}, T_{1u} の3種類である. 一方, 金属の軌道はd軌道が e_g と t_{2g} に分かれるほか, s軌道が A_{1g} であり, p軌道が T_{1u} となる.

(2)　分子軌道

錯体の分子軌道は, 金属の原子軌道と配位子の混成軌道の相互作用によってつくられる. 図にその相互作用を表す.

記号の同じ軌道は相互作用して, 結合性軌道と反結合性軌道に分裂する. しかし, t_{2g} のd軌道は相互作用する相手がないのでそのまま残り, 図の中央に示す錯体分子軌道ができる.

この分子軌道に, 6個の配位子の合計12個の電子を入れると図のようになる. したがって, 金属のd電子が入ることのできる軌道としては, 3個の t_{2g} 軌道と2個の $e_g{}^*$ 軌道の5個になる.

(3)　結論

この軌道配置は結晶場モデルとまったく同じである. しかし, 結晶場モデルではエネルギー ΔE を見積もることができず, 分光化学系列を用いた相対的な解析しかできない. それに対して, 分子軌道法では ΔE を具体的な数値として求めることができる点が基本的な違いである.

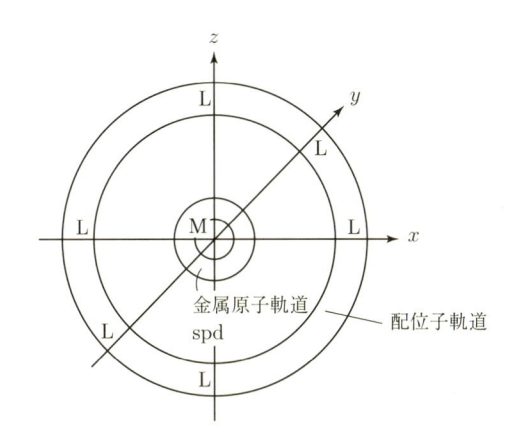

13.10 分子軌道法モデル

金属原子軌道 spd
配位子軌道

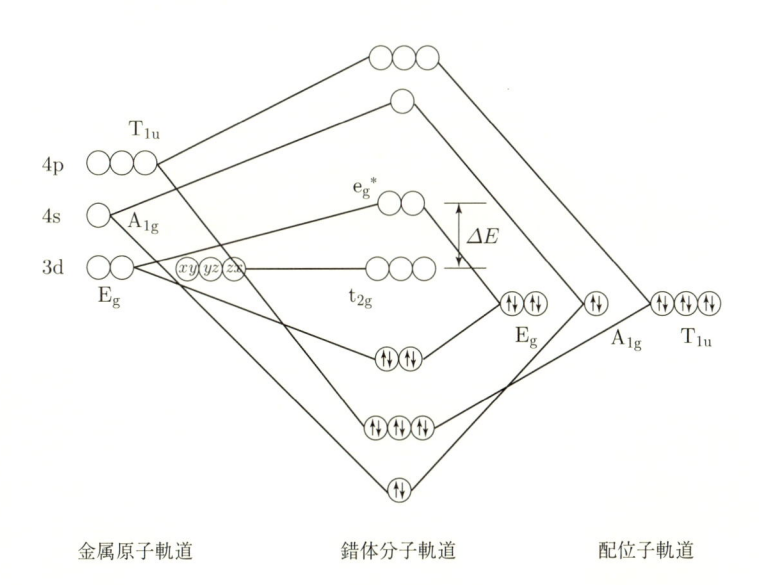

金属原子軌道　　　　錯体分子軌道　　　　配位子軌道

14. 超分子の結合

　分子や原子が分子間力で結合してつくった構造体を超分子という．超分子の特徴は，容易に分解してもとの単分子に戻れることである．金属原子と配位子がつくる錯体は超分子の一種である．生体を構成するDNA，ヘモグロビン，酵素，細胞膜などは超分子であり，生体は超分子の宝庫である．

14.1 二量体・多量体

　分子の中には，2分子が結合した二量体や，複数個の分子が結合した多量体を形成するものがある．

(1) 二量体の超分子

　2個の分子が結合したものを二量体(ダイマー)という．広い意味では，高分子のように，2個の分子が水などの小分子を脱離させながら結合して縮合でできた二量体もあるが，ここでは原料の分子がそのままの形で"結合"したものを考える．

　このような二量体の典型は安息香酸の二量体である．安息香酸のカルボキシル基は図のように2か所で水素結合することができ，そのため安息香酸は結晶や溶液中で2分子が会合した二量体として存在する．これは超分子の一種である．

(2) 多量体の超分子

　2個以上の分子が会合したものを多量体(ポリマー，オリゴマー)という．

　パラ位に2個のカルボキシル基をもつ化合物は，カルボキシル基の水素結合によって無限大個の分子が会合したリボン状の超分子をつくる．

　一方，メタ位にカルボキシル基をもつ化合物は，6個が会合して巨大六員環状の超分子をつくる．

　このように，超分子においては，原料の単分子はそのままの分子構造を保っていて，適当な条件になれば超分子状態を解消して，もとの単分子に戻る．

14.1 二量体・多量体

1位　4位

14.2 包摂化合物

　人為的に合成された超分子の最初の例は包摂化合物(ほうせつ)であるが，包摂化合物とは英語でhost-guest compoundsという．つまり，"お客様のゲスト分子"と"接客係りのホスト分子"からなる化合物である．

(1) クラウンエーテルの結合

　クラウンエーテルは包摂化合物の典型である．クラウンエーテルはCH_2CH_2-O単位が連なった環状エーテルであり，その折れ曲がった形が王冠crownに似ていることからこのようによばれる．

　クラウンエーテルでは，C-O結合が分極して酸素が負に荷電している．このため，金属イオンM^{n+}を静電引力によって環内に取り込むことができる．すなわち，クラウンエーテルが"ホスト"であり，金属イオンが"ゲスト"である．

　クラウンエーテルの特徴は，エーテル環の直径を変えることによって，特定の金属イオンを選択的に捕獲できることである．

(2) シクロデキストリン

　デキストリンは，6〜8個のグルコース(ブドウ糖)が環状に結合した多量体(ポリマー，オリゴマー)である．シクロデキストリンの特徴は，桶のような形の中に有機分子を入れることができることである．この桶の中に入った分子は，大部分を桶で覆われ，特定の面だけを露出する．したがって，この露出部分を狙って選択的に攻撃，反応することができる．

(3) カリックスアレン

　カリックスはギリシャ語で酒盃のことであり，ベンゼン環(アレン)でできた杯部分と，ヒドロキシ基OHでできた台座部分からできている．

　杯部分はシクロデキストリンと同じように有機分子を包摂し，台座部分はクラウンエーテルのように金属イオンを包摂できる．このため，本来ならば近づくことのない脂溶性物質(有機物)と水溶性物質(金属イオン)を近づけて反応させることができる．このような働きをする物質を一般に，相間触媒という．

14.2 包摂化合物   183

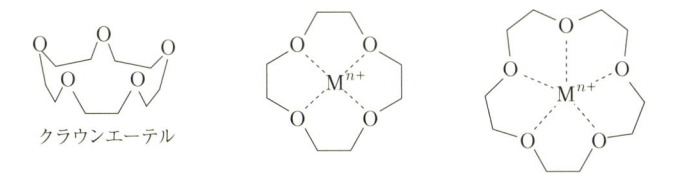

クラウンエーテル

シクロデキストリン

グルコース

シクロデキストリンとフェロセン

カリックス[4]アレン

有機物

14.3 分子膜

　分子膜とは，両親媒性分子といわれる特別の分子が縦に並んでつくった膜であり，分子間に結合はない．分子膜はシャボン玉や細胞膜をつくる膜である．

(1) 両親媒性分子

　水に溶ける分子を親水性，水に溶けない分子を疎水性という．しかし，1分子の中に親水性の部分と疎水性の部分の両方をもっている分子がある．このようなものを両親媒性分子という．セッケンは両親媒性分子の典型である．セッケンの炭化水素の"シッポ"部分は疎水性であり，カルボキシルイオンの"頭"部分は親水性である．

(2) 分子膜

　両親媒性分子を水に溶かすと，親水性の"頭"を水に入れ，疎水性の"シッポ"を空中に出して逆立ちしたような形で水面(界面)にとどまる．濃度を高めると界面は両親媒性分子で覆われる．

　この状態を分子膜という．つまり分子は集まっているだけで結合はしていない．ファンデルワールス力などの分子間力が引力として働く．分子膜は袋状になることができる．このような袋をミセルという．

(3) 細胞膜

　分子膜は重なることができる．このような膜を二分子膜，1枚の単独の膜を単分子膜という．

　シャボン玉はセッケン分子でできた二分子膜の袋であり，膜の合わせ目に水が挟み込まれたものである．同様に，二分子膜でできた容器，それが細胞である．細胞膜は，リン脂質という両親媒性分子でできた二分子膜である．そこにタンパク質や糖，コレステロールなど，生命活動に必要な様々な分子が"挟み込まれている"のである．

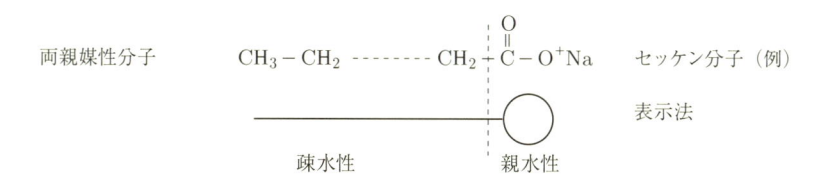

14.3 分子膜

両親媒性分子　　CH$_3$-CH$_2$ --------- CH$_2$-C(=O)-O$^+$Na　　セッケン分子(例)

表示法

疎水性　親水性

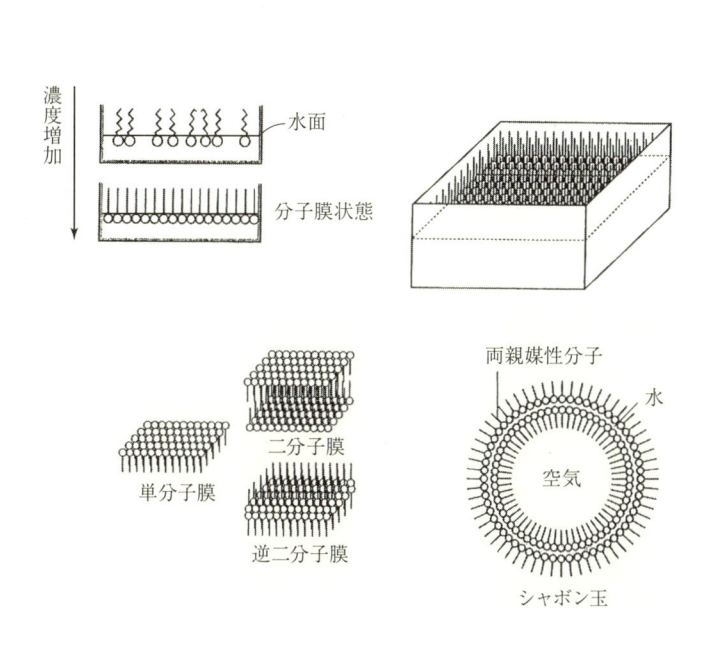

濃度増加 ↓

水面

分子膜状態

単分子膜

二分子膜

逆二分子膜

両親媒性分子

水

空気

シャボン玉

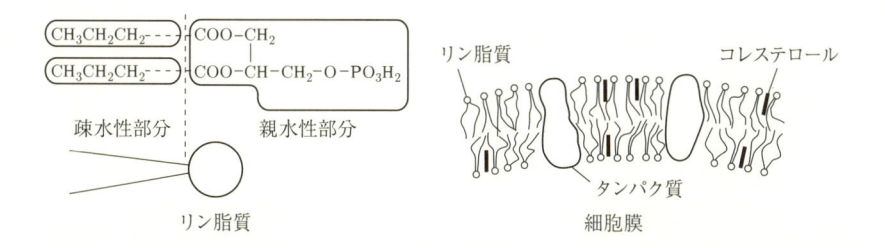

CH$_3$CH$_2$CH$_2$---　COO-CH$_2$
CH$_3$CH$_2$CH$_2$---　COO-CH-CH$_2$-O-PO$_3$H$_2$

疎水性部分　親水性部分

リン脂質

リン脂質　コレステロール

タンパク質

細胞膜

14.4 液　晶

"液晶"は，"結晶"と同じように，分子の特定の集合状態につけられた名前である．液晶分子の間には，互いに方向を同じくするという"意思"が働いている．この意思は分子間力によって形成される．

(1) 液晶状態

物質の三態，固体(結晶)，液体，気体における分子の集合状態を図に示す．結晶では分子は位置，方向を一定にして整然と積み重なる．液体では一切の秩序は喪失し，分子は流動する．気体では分子は飛行機並みの速度で縦横無尽に飛び回る．これに対して，液晶は，位置の規則性はないが，方向の規則性は保った状態である．分子は勝手な方向に移動するが，方向は一定方向を向き続ける．いわば，上流を向いて泳ぎ続ける小川のメダカのようである．

(2) 液晶状態と温度

普通の結晶を加熱すると，液体→気体と変化する．しかし，液晶状態をとることのできる特殊分子，すなわち液晶分子の"結晶"を加熱すると融点で融けて流動的になる．しかし，液体のように透明ではない．この状態を"液晶"という．さらに加熱すると透明点で透明な"液体"になる．したがって，液晶とは，ある温度範囲に現れる特殊な状態である．

(3) 液晶の分子配列

向かい合った2面に擦り傷をつけ，他の2面を透明電極にしたガラス容器に液晶分子を入れると，液晶分子は擦り傷の方向に整列する．しかし，電極間に通電すると液晶分子は電流方向に整列する．このような方向転換を可逆的に繰り返す．

液晶表示装置は影絵と同じである．簡単のために液晶分子を短冊形と仮定しよう．発光パネルの前に，上でみた容器に入った液晶(液晶パネル)を置く．電気を入れない状態では，液晶の短冊は発光パネルの光を遮るので画面は黒く見える．しかし，スイッチを入れると短冊は向きを変え，光を通すので画面は白く見える．

14.4 液晶

状態		結晶	柔軟性結晶	液晶	液体
規則性	位置	○	○	×	×
	配向	○	×	○	×
配列模式図					

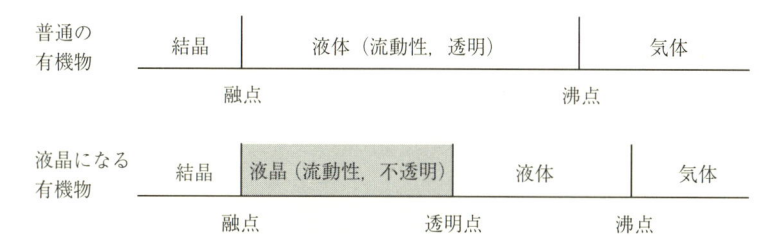

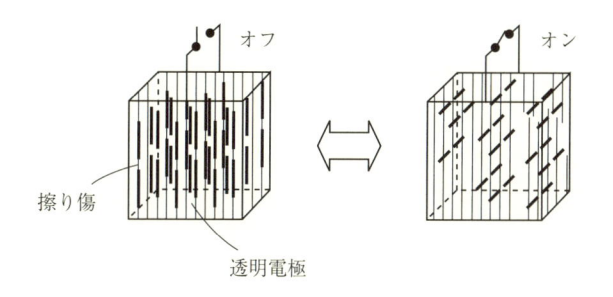

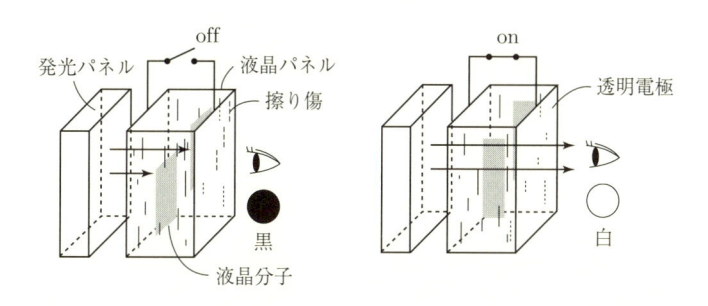

普通の有機物: 結晶 — 液体（流動性，透明） — 気体
（融点，沸点）

液晶になる有機物: 結晶 — 液晶（流動性，不透明） — 液体 — 気体
（融点，透明点，沸点）

オフ / オン
擦り傷
透明電極

off / on
発光パネル　液晶パネル　擦り傷　液晶分子　黒
透明電極　白

14.5 基本的超分子構造体

超分子には，基本的な構造がいくつか知られている．

(1) ロタキサン

ロタキサンという名前は，ラテン語の rota (環) と axis (軸) を合成したものである．ロタキサンは環状化合物に鎖状分子を差し込んだものである．しかし，これでは分子運動が激しくなると環状化合物が抜けてしまうので，鎖状化合物の両端に立体的に大きな置換基をつけて"留め具"にしてある．1本の鎖状分子に複数個の環状分子を通したものを特に，分子ネックレスということがある．

(2) カテナン

ロタキサンの鎖状分子の両端を結合すると"知恵の輪"のように2個の環状分子が交差した超分子となる．これをカテナンという．

(3) 分子チューブ

分子ネックレスの環状分子をシクロデキストリンに変えた後，シクロデキストリンの OH 部分を使ってシクロデキストリン同士を結合させる．その後，鎖状分子を引き抜くと，シクロデキストリンが連続した分子になる．このような分子を分子チューブという．これは単位分子が共有結合したものなので，超分子ではなく，高分子である．

(4) デンドリマー

デンドリマーという名前は，ギリシャ語で"木"を意味するデンドロンからつけられた．デンドリマーは分子のすべての結合が共有結合なので，高分子であるが，慣例的に超分子として扱うことが多い．

デンドリマーは中心構造が多くの周辺分子を支配する構造とみることができる．そのため，周辺分子で光エネルギーのような小エネルギーを吸収させ，それを中央の分子に送らせた後にまとめて大エネルギーとして利用する，エネルギー集約システムとしての利用が期待されている．

14.5 基本的超分子構造体

ロタキサン

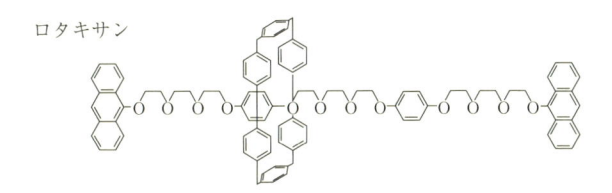

分子ネックレス　シクロデキストリン

カテナン

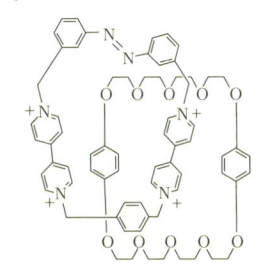

分子チューブ　共有結合

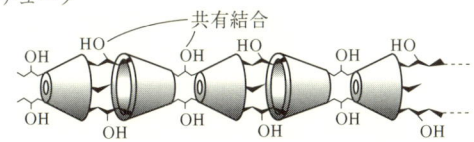

デンドリマー　成長点　モノマー　成長点　共有結合　成長点　3代目　2代目　初代　デンドリマー

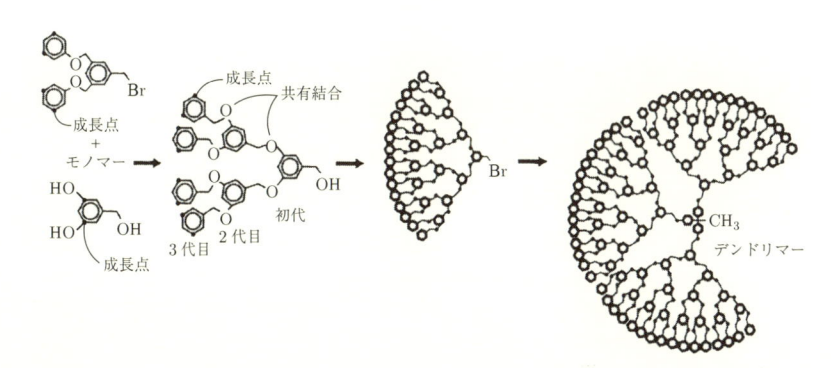

14.6 分子機械

　超分子は分子機械に発展するものとして注目されている．分子機械とは，1個の分子構造体でいろいろな機械の働きをするものである．

(1) 分子ピンセット

　図の化合物は，まるで"ピンセット"か"トング"のように物体を挟むことができる．

　分子構造は2つのクラウンエーテル部分がN=N二重結合でつながったものである．N=N二重結合にはトランス型Aとシス型Bの異性体がある．Aに紫外線照射するとBになり，2個のクラウンエーテル部分で金属イオンを捉える．この状態に再び光照射や加熱をすると，Aに戻って金属イオンを放出する．

(2) 分子ハサミ

　ハサミの機能のエッセンスは，支点を中心として回転することである．図の分子は，フェロセンの2個の五員環それぞれに直鎖状の分子を結合したものである．この分子ではフェロセン部分が支点の役目を果たし，上下2本の鎖状分子がつくる角度を自在に変化することができる．

(3) 分子シャトル

　ロタキサンでは，環状分子が鎖状分子の上を往復運動することができる．このような運動をする超分子を，スペースシャトルと同様に，分子シャトルという．分子機械の基本構造の1つである．

(4) 分子ローター

　図の分子は，分子でできた枠の中にベンゼンのような平面構造の分子を固定したものである．ベンゼンは2か所をσ結合で固定されているだけであるから，回転ドアのように回転できる．

　分子機械には回転運動が必須であるが，これは分子ハサミとともに回転機能を担う単位分子として重要である．

14.6 分子機械

分子ピンセット

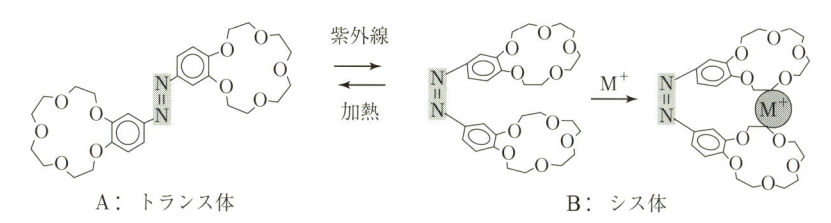

A：トランス体　B：シス体

分子ハサミ

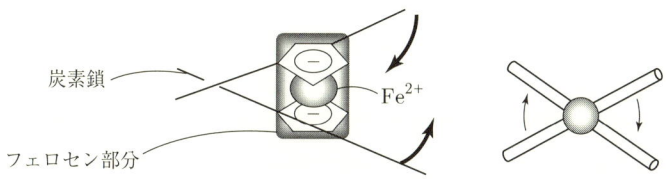

炭素鎖
Fe^{2+}
フェロセン部分

分子シャトル

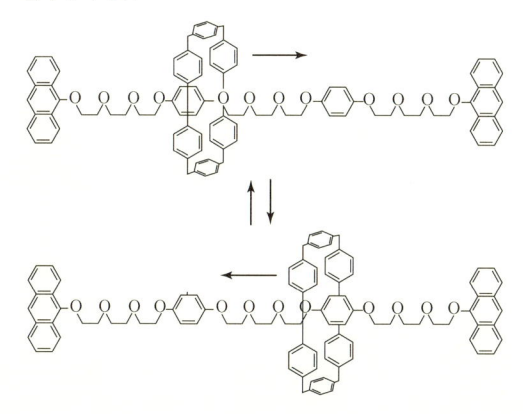

分子ローター

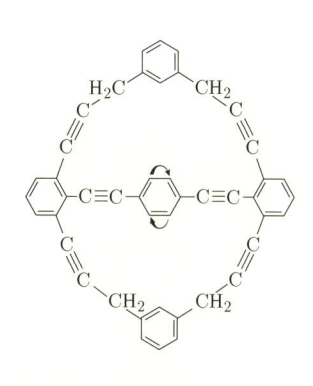

14.7 生体と超分子

生体機能では超分子構造が重要な働きをしている.

(1) タンパク質の高次構造体

タンパク質の構造は複雑であるが，ある種のタンパク質では，何個かの単位タンパク質が規則的に集合して，より複雑な構造の高次構造体として機能している．この例としてよく知られているのが，哺乳類における酸素運搬を司るヘモグロビンである．これは構造のよく似た2種4個の単位タンパク質が会合したものである.

(2) 酵素-基質の複合体

生化学反応を支配するのは酵素である．酵素の機能で重要なのは，特定の基質にだけ作用することであり，これを鍵と鍵穴の関係という.

この関係もまた，水素結合によって形成された超分子構造によって機能する．すなわち，図に示すように，酵素の機能部位と基質の間に緊密な水素結合が働いて，互いを認識し合っている.

(3) DNAの二重らせん構造

DNAは遺伝の指令書であり，2本のDNA分子が撚り合わさった二重らせん構造をとっている.

1本のDNA分子は4種の塩基A (アデニン)，T (チミン)，G (グアニン)，C (シトシン) の組み合わせでできている．撚り合わさって二重らせん構造をつくる2本のDNA"高分子"は，互いに相補的な分子構造をもっている．相補的という意味は，互いに相手の"鋳型"になっているということである.

DNAの分子構造は，決して複雑なものでも，まして"高次で哲学的"なものなどではない．しかし，互いに相手を鋳型として"複製し合う"という巧みなコンセプトは，"高次で哲学的"ということにふさわしいものである.

14.7 生体と超分子　　　193

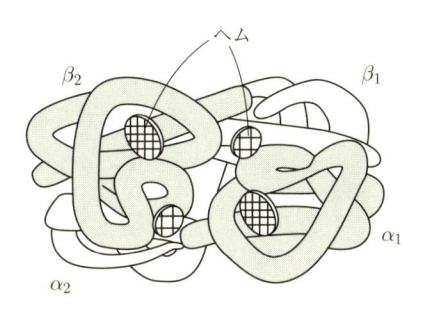

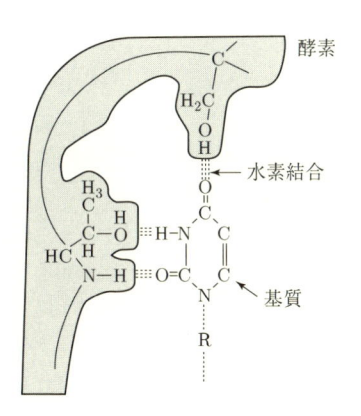

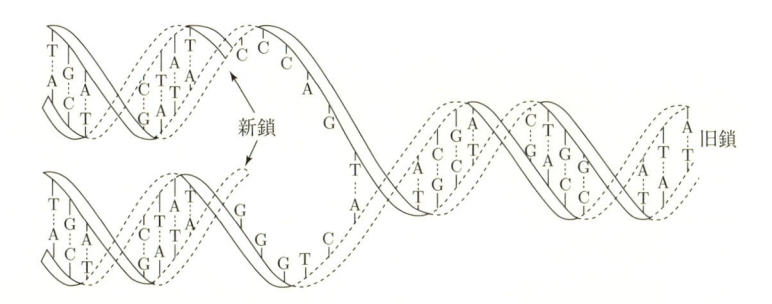

索　引

英数字

δ 結合　150
δ 電子雲　150
π π スタッキング　62
π 結合　26, 144, 146, 150
　　——の強度　76
　　——の次数　74
π 電子数　72
π 電子密度　74
σ 結合　26
DNA　112, 192
d 軌道　8, 168
　　——の分裂　170
e_g 軌道　8, 168
I 効果　90
M 効果　92
p 軌道　8
　　——の角度　76
RNA　112
S_N2 反応　128
s 軌道　8
sp 混成軌道　42, 134
sp^2 混成軌道　40, 78, 134
sp^3 混成軌道　36, 134
sp^3d 混成軌道　140
sp^3d^3 混成軌道　142
t_{2g} 軌道　8, 168
T 型スタッキング　62

あ 行

アズレン　118
アセチレン　42
アゼピン　116
アデニン　112, 192
アニオン　122
アニリン　132
アミド基　88
アミノ基　82
アライン　132
アリル　68
アリル陰イオン　68
アリル陽イオン　68
アリルラジカル　68
アルコール　82, 102
アレン　94
安定状態　4
アンモニア　44
アンモニウムイオン　48, 50
イオン　122
イオン化エネルギー　16
イオン系芳香族　110
イオン結合　20, 30
一重結合　28
一重項カルベン　130
一酸化炭素　96
イミノ基　80
イミン　80
陰イオン　16, 122, 124

索　引　　　　　　　　　　　　　　　　　　　　　　195

引力　60
ウォルシュモデル　98
ウラシル　112
液晶　186
液体　186
エチレン　40, 66
エーテル　82
エネルギー準位　4
エノール型　102
エンドオン型配位　158
オリゴマー　180

　　　か　行

開殻構造　14
外軌道錯体　164
会合　46, 56, 82
回転異性　38
重なり形　38
カチオン　122
カテナン　188
価電子　14
価標　24
カリックスアレン　182
カルバニオン　122
カルベン　130
カルボカチオン　122
カルボキシル基　86
カルボニル基　78
環状共役化合物　70, 72, 108
環状非局在系　70, 72
官能基　78
疑似 π 結合　98, 100, 132
疑似 σ 結合　98
気体　186
基底状態　12, 80
軌道　4, 6
逆供与　154

共鳴効果　92
共鳴積分　152
共役系　76
共役二重結合　64
共有結合　24, 30, 134
局在 π 結合　66
極性分子　54, 144
金属結合　22
金属触媒　158
グアニン　112, 192
空軌道　48, 152
クムレン結合　94
クラウンエーテル　182
クラスター　46, 56, 82
グルコース　182
クーロン積分　152
結合異性　104
結合エネルギー　30
結合回転　26, 88
結合解離エネルギー　30
結合軸　26
結合次数　66, 74
結合手　24
結合性軌道　152
結合電子雲　24, 26, 54
結合分極　54, 90
結晶場モデル　168
ケト-エノール互変異性　102
ケト型　102
ケトン　78, 102
原子雲　2
原子核　2, 48
原子間結合　18
原子軌道　24
原子構造　2
原子番号　2
五員環化合物　72

高エネルギー　4
高次構造体　192
高分子　188, 192
固体　186
木挽き台モデル　38
互変異性　102
孤立電子対　14
混成軌道　32, 34, 134
混成軌道モデル　162

　　　さ　行

最外殻　14
最外殻電子　14
サイドオン型配位　158
細胞膜　184
錯体　160, 162
　　──の色彩　174, 176
酸解離指数　90, 126
三重結合　28
三重項カルベン　130
三中心π結合　148
三中心結合　138
色相環　174
磁気モーメント　166
シクロオクタテトラエニルジアニオン　110
シクロオクタテトラエン　70, 108
シクロデキストリン　182
シクロブタジエン　70, 108
シクロプロパン　98
シクロプロピル共役　100
シクロプロペニルカチオン　110
シクロプロペン　72
シクロヘキサトリエン　70
シクロヘプタトリエニルカチオン　110
シクロヘプタトリエン　72

シクロペンタジエニルアニオン　110
シクロペンタジエン　72
シス体　40, 144
シス-トランス異性　40
磁性　166
七員環化合物　72
質量数　2
シトシン　112, 192
ジボラン　138
シャボン玉　184
自由電子　22
縮重　6
蒸発　56
ジラジカル　132
親水性　184
水素結合　46, 56, 58, 82
スピン方向　10
正四面体　36
静電引力　20, 30, 60
静電反発　170
遷移金属　154, 156, 158
相間触媒　182
疎水性　184
疎水性相互作用　62

　　　た　行

ダイマー　180
多量体　180
単結合　28
タンパク質　192
単分子膜　184
置換基　78, 126
置換基効果　90, 92
チミン　112, 192
中性子　2
超電導磁石　22

索　引　197

超伝導状態　22
超分子　180, 188, 190, 192
低エネルギー　4
呈色　174
電荷移動相互作用　62
電荷分布　52, 74
電気陰性度　16, 30, 54
電気抵抗　22
電子雲　54, 60
電子殻　4
電子吸引性置換基　126
電子供与　154
電子供与体　62
電子受容体　62
電子親和力　16
電子スピン　10
電子対　14
電子配置　172
電子密度　74
伝導度　22
デンドリマー　188
等核二原子分子　54
透明点　186
トランス体　40, 144
トロポノイド化合物　118
トロポン　118

な　行

内殻　14
内軌道錯体　164
ナイトレン　130
二酸化炭素　96
二重結合　28, 144
二重らせん構造　192
ニトリル基　80
ニトロ基　88
二分子求核置換反応　128

二分子膜　184
ニューマン投影図　38
二量体　58, 180
ねじれ形　38

は　行

配位 π 結合　144, 146, 154, 156
配位 σ 結合　154
配位結合　44, 50, 136, 162
配位子　160
配位数　160
配座異性　38
発光　174
バナナ結合　98
バナナボンド　98
ハーバー–ボッシュ法　158
ハロニウムイオン　128
反結合性軌道　152
反芳香族　108
光吸収　174, 176
非共有電子対　14
非局在 π 結合　66
非局在二重結合　64, 66, 68, 74
非極性分子　54
ビスホモ芳香族　120
ヒドロキシ基　82, 84
ヒドロニウムイオン　52
ビニルアルコール　102
非ベンゼン系芳香族　118
ヒュッケル則　108
ピリジン　112
ピロール　114
不安定状態　4
不安定中間体　122
ファンデルワールス力　60
フェノニウムイオン　128
フェノール　84, 102

フェロセン　190
複素環芳香族　112
ブタジエン　64, 66
不対電子　14, 24, 166
物質の三態　186
沸点　56
ブドウ糖　182
不飽和性　20
フラン　114
ブルバレン　104
プロトン　48
分光化学系列　170, 172
分散力　60
分子間結合　18
分子間力　18, 30, 56, 58
分子機械　190
分子軌道　24, 178
分子シャトル　190
分子チューブ　188
分子ハサミ　190
分子ピンセット　190
分子膜　184
分子ローター　190
閉殻構造　14
ヘテロ環芳香族　112
ヘテロ原子　78, 82
ヘプタフルベン　118
ベンザイン　132
ベンゼン　66
ペンタフルベン　118

芳香族化合物　70, 106, 144
包摂化合物　182
補色　174
ホモ共役　100
ホモトロピリデン　104
ホモ芳香族　120
ボラジン　144
ボラン　138
ポリマー　180

ま　行

ミセル　184
無方向性　20
メタン　36

や　行

有機金属化合物　152
誘起効果　90
誘起電荷　60
陽イオン　16, 122, 124
陽子　2, 48

ら　行

ラジカル　36, 122, 132, 148
ラジカル電子　36
両親媒性　184
ルイス塩基　136
ルイス酸　136
励起状態　12
ロタキサン　188

著者略歴

齋藤　勝　裕
（さい　とう　かつ　ひろ）

1974 年　東北大学大学院理学研究科
　　　　化学専攻博士課程修了
現　在　名古屋工業大学名誉教授，
　　　　理学博士

主要著書
はじめての物理化学（培風館，2005）
ふしぎの化学（培風館，2013）
絶対わかる化学シリーズ（講談社）
わかる化学シリーズ（東京化学同人）
わかる×わかった！化学シリーズ
　　　　　　　　　　　（オーム社）

© 齋藤勝裕　2014

2014 年 5 月 15 日　初　版　発　行

わ か る 化 学 結 合

著　者　齋藤勝裕
発行者　山本　格

発行所　株式会社　培風館
東京都千代田区九段南4-3-12・郵便番号102-8260
電話(03)3262-5256(代表)・振替00140-7-44725

D.T.P. アベリー・平文社・牧 製本
PRINTED IN JAPAN

ISBN 978-4-563-04619-4　C3043